ChatGPT
巨变开始

孟 岱　孟 醒◎著

中国科学技术出版社
·北 京·

图书在版编目（CIP）数据

ChatGPT：巨变开始 / 孟岱，孟醒著 . -- 北京：
中国科学技术出版社，2023.6
ISBN 978-7-5236-0231-7

Ⅰ. ① C… Ⅱ. ①孟… ②孟… Ⅲ. ①人工智能—普及
读物 Ⅳ. ① P18-49

中国国家版本馆 CIP 数据核字（2023）第 077219 号

策划编辑　符晓静
责任编辑　齐　放
封面设计　沈　琳
正文设计　中文天地
责任校对　张晓莉
责任印制　徐　飞

出　　版　中国科学技术出版社
发　　行　中国科学技术出版社有限公司发行部
地　　址　北京市海淀区中关村南大街 16 号
邮　　编　100081
发行电话　010-62173865
传　　真　010-62173081
网　　址　http://www.cspbooks.com.cn

开　　本　889mm × 1194mm　1/32
字　　数　73 千字
印　　张　5.125
版　　次　2023 年 6 月第 1 版
印　　次　2023 年 6 月第 1 次印刷
印　　刷　北京博海升彩色印刷有限公司
书　　号　ISBN 978-7-5236-0231-7 / P · 224
定　　价　56.00 元

前 言

任何一场革命都不可能猝然发生，不论是社会革命，还是技术革命，大抵如此。

尽管进入 21 世纪后，技术革命的节奏犹如摩尔定律之于芯片，加速趋势十分明显，但小步的革新积累成跨越式革命，仍然有迹可循。如果从 1950 年的图灵测试算起，人工智能的发展历程已经过了半个多世纪。在这期间经历低潮、繁荣，波折起伏，直到 2016 年 3 月谷歌开发的阿尔法围棋（AlphaGo）战胜人类围棋世界冠军李世石，人工智能才真正迎来新的春天。而 2015 年因为利用大量数据训练计算机完成新一代机器学习，又被称为人工智能突破之年。也正是在这一年，山姆·阿尔特曼与埃隆·马斯克共同创立了非营利型人工智能公司 Open AI，微软后来也加入进来。Open

AI 是一个奇葩的不考虑盈利的公司，即使有盈利也必须全部投入技术研发。它的初衷是——确保人工智能（AI）未来不会消灭人类。但现在做出 ChatGPT 的是阿尔特曼新成立的一家公司，它可是要盈利的！

发布于 2022 年 11 月，如今火爆全球的 ChatGPT 只是 Open AI 的一个副产品。这里的“GPT”是英文Generative Pre-trained Transformer 的首字母，中文翻译为“生成式预训练转换器”。其中所应用的自然语言处理模型，其发展历史比互联网还长。也就是说，GPT 的语言模型一直在革新中发展，从 GPT1.0 迭代到如今的 GPT4.0，在不断的革新中迎来质的突变。同样，人工智能对于人与机器“聊天”的探索也持续了几十年。看似是单点突破，实际上是人工智能整体革新的结果。说到底，ChatGPT 是一个规模巨大的自然语言处理模型。从最初用逻辑方法处理自然语言，革新到用统计方法来处理，再到互联网大数据来处理。通过数据训练和语言模型的持续革新，海量文本训练的结果就是ChatGPT具备了理解人类语言的能力，并能根据聊天的上下文进行互动、回答人们提出的任何问题。不再是根据设定好的情景回答特定的问题，例如已逐渐被淘汰的智能音箱。更重要的是，ChatGPT还是一座知识宝库，通过聊天对知识进行整合传播也是革命性的。

ChatGPT能做什么？或者说它的革命性体现在什么地方？它将颠覆什么？这里暂且按下不表。率先投资ChatGPT的埃隆·马斯克认为，ChatGPT将颠覆世界，它好到令人“恐惧”的地步，必须立法加以监管。后来投资ChatGPT的微软联合创始人比尔·盖茨则认为，ChatGPT的诞生与计算机和互联网的出现一样具有革命性。现任微软首席执行官（CEO）纳德拉认为，在他从事技术工作的30年里，ChatGPT是他从未见识过的技术冲击，对于知识型工作者而言类似于一场新的工业革命。英伟达CEO黄仁勋认为，ChatGPT相当于AI界的苹果（iPhone）问世，它使每一个人都可以成为程序员。倒是山姆·阿尔特曼对于现在的

ChatGPT 有着清醒的认识，他认为它还很不成熟，至多算得上是一个 ChatGPT 0.7 的版本。

当然这是利益关联者的说法，从另一个角度来说不乏资本操纵的隐秘。因此，这一方的说法值得警惕。但 ChatGPT 的爆发，出乎所有人员也是事实。实际上，每一场技术革新，特别是技术革命，都摆脱不了资本的支持。

另一方面，从中外多家公司加入竞争，也可以映射出 ChatGPT 的革命性意义。微软宣布推出由 ChatGPT 支持的最新版本“必应”搜索引擎和 Edge 浏览器。几乎同时，谷歌也发布了基于谷歌 LaMDA 大模型的下一代对话 AI 系统 Bard。百度官宣正在研发的大模型类项目“文心一言”（ERNIE Bot），计划在 2023 年 3 月完成内测，随后对公众开放。阿里巴巴、京东等企业也表示正在或计划研发类似产品。更有退隐江湖的美团创始人王慧文，被 ChatGPT 激活、公开招揽 AI 人才的同时，自投并高调募集资金，以打造中国版的 ChatGPT。在 ChatGPT4 发布之后，李开复也适时宣布开发 AI2.0。前搜狗 CEO 王小川也于 2023 年 3 月底成立五季智能（北京）科技有限公司，并表示“中国需要自己的 Open AI”。不仅李开复、王慧文、王小川等被视为曾经“退休”的互联网老兵重新“出山”，阿里巴巴、腾讯、快手等互联网大厂的中高层也纷纷辞职，加入这波创业浪潮。除此之外，清华大学、复旦大学等高校的教师也带队加入类 ChatGPT 研发。

后续又有不少公司宣称要进军 ChatGPT，也有表面上默不作声的公司实际上也在干着同样的事情。

这么做并不是不可以理解，没有谁甘愿被这一波技术革命浪潮所淘汰，他们必须全力追赶。但在追赶的同时，也不要忘了，从 ChatGPT 宣布发布的那一刻起，它就已经成为一种底层技术。一如当年的浏览器，最初争得“你死我活”，到如今终是雨打风吹去，还有多少人关注自己用的是哪个浏览器呢？关键是，怎么在此基础上进行革新或革命，更具前瞻性的是另辟蹊径，而不是霸占山头，从此失去新的世界，浪潮永不停步，机会接踵而至！

当然，也有人认为，ChatGPT 被称为“AI 革命”不过是一个谎言。真相是 ChatGPT 的成功属于模型和场景应用的成功。因此，ChatGPT 还称不上是“AI 革命”，顶多是模型和场景应用的一次飞跃。简单地说，在聊天这个应用场景之下，ChatGPT 模型胜过了以往任何一个模型，但是算法、算力、数据并没有出现革命性的突破。

这般冷静的看法同样值得重视。

笔者认为，正是算法、算力、数据等要素革新到大算法、大算力、大数据、大模型，才支撑了 ChatGPT 的革命性突破。或者说，所有因素的高效协同催生了 ChatGPT 的爆发。

由 ChatGPT 引发的“AI 革命”像所有的技术革命一样，最终会引发社会革命，如职业革命、教育革命、人才革命、科技革命、产业革命、商业革命等。

对于革命，人们不会也不必是同一种态度。那么，在人们眼里，ChatGPT 是“天使”还是“魔鬼”？抑或是“天使”与“魔鬼”的复合体？这全在于人们怎样对待它或塑造它！

既然如此，就问你是热血沸腾去拥抱变化并勇于实践，还是垂头丧气拒绝变革并墨守成规？不论如何，科技革命的浪潮永不停歇！不会给人们垂头丧气的机会，更深刻的科技革命就在前面，唯有奋勇攀登！

目录
CONTENTS

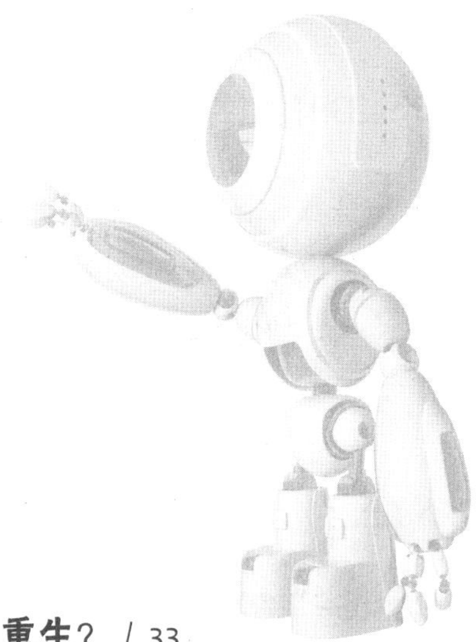

STEP 3

STEP 4

STEP 1

ChatGPT：现实的“天使”？“魔鬼”？

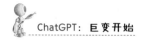

不论东西方，都有关于超自然力的神话作品。其中，具备超能力的人非魔即仙，例如著名的潘多拉魔盒。当然，这个魔盒里可能藏着的都是魔鬼，是现实社会的全然破坏者，不可轻易打开。

潘多拉魔盒，打开之前没有人知道；打开之后，往往一目了然。也许是被禁锢太久了，一旦被释放就迫不及待地露出了本来面目。但 ChatGPT 却不同，即便打开了，一时间也难以作出切实的判断。

1. 魔盒？盲盒？

已经打开的 ChatGPT 是魔盒，还是盲盒？

说它是魔盒，这是因为你提出任何问题，它都会给出一个答案。在你抛出问题之后、得到 ChatGPT 回答之前，你都不知道这是一个什么答案。你知道这是一个魔盒，但不知道它如此充满魔性。即使你问它油炸馒头片是不是一道中国名菜？它的回答依然是肯定的。你追问它这道菜怎么做？它仍然会一本正经地告诉你，怎么一步步地去完成。

它的魔性来自它不仅拥有了足量的知识储备，而且还可以根据提问者的问题，对知识进行重组，给出它认为合理的答案，尽管它的答案有一部分很不靠谱。实际上，它的大部分答案，已经超出了普通问答者的认知，这也是它的另一个魔性之处。它的魔性还在于它的回答条理清晰、论理周详，说是聊天，但它的回答已经超越了聊天的轻松与泛泛而谈。

说它是盲盒，这是因为，它的回答就像我们购买盲盒商品，虽然知道它归属某一大类，但并不像面对实物商品，清楚知道它的样子。因为 ChatGPT 不具备常识，或者说 ChatGPT 的开发训练者，没有将常识纳入 ChatGPT 的学习范围。这和任何课本都不将常识纳入知识体系是一致的，也是 ChatGPT 不可能学习到的，相关数据同样无

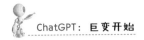

法从互联网上得到。例如，平放着的水杯，杯中水的平面是与桌面平行的，那么，将杯子倾斜 45°，水平面与桌面呈什么角度？它的回答是 45°。这就像没有人告诉它“天上下雨地上湿”，它不具备水平面不论怎么移动，都平行于某一平面的常识。

又比如，有人向 ChatGPT 提问：我认为 3+5=8，为什么我的夫人偏说等于 7，我的老板又说等于 6 呢？ChatGPT 弄不清这里面的情绪表达，也搞不懂这里面的谐谑成分。它只能做出算式正确与否的判断，而无法透彻理解“权威”的固执，更无法窥察人类心理活动的微妙差别。但是，你明确要它讽刺或调侃某人或某事，它又做得像模像样。也就是说它可以把握并模仿某一种它学习过的文体风格，如莎士比亚文风。

当然，这并不是它的错误，而是人类的错误，更确切地说，是相关工程师的错误。因此，ChatGPT 还有巨大的进步空间。但即使再进步，它这样的生成式特点也注定不会给问答者预料之中的答案。

ChatGPT 这种异于常人的“缺陷”，成为它独特的吸引力。试想一下，如果它的回答与你想要的答案别无二致，你的兴致还会这么高吗？所谓相谈至深夜，必定是互有启发。ChatGPT 正是如此，要不令人倾倒，要不就是有趣。至少从目前看，它是一个合格的聊天者，与谈者感受强烈，身心愉悦。

这足以解释，为什么仅仅 2 个月的时间，它就收获了 1 亿用户。同样的成绩，TikTok 花费了 9 个月，更早时候的 Instagram 则花去了 30 个月。

2.“天使”降临？

1 亿多月活用户，都是要一睹 ChatGPT 的“天使”风采吗？

起码，许多人可以在与 ChatGPT 的对话中，获得新的体验，增长新的知识。如果说之前我们唤醒智能音箱，让它播报天气、播放列表中的音乐、打开或熄灭某一盏灯，已经足够神奇有趣的话，ChatGPT 的能力已经超越智能音箱，并达到一个前所未有的新高度。

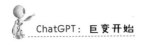

它可以用当今世界的通用语言撰写诗歌。从文体的角度来看，诗歌是情感表达最隐秘、激情抒发最充沛、想象描摹最多变的文学体裁。中国的格律诗又是最难把握的，在你要求它写一首五言诗歌，它给你一首骈文（四六句）的时候，你再告诉它每一行是 5 个字，它会重新给出符合要求的答案。

它不仅会写诗，而且可以编程，并且是可以运行的程序。你给它的程序，如果出现问题，它也会修正过来。

ChatGPT 还可以根据关键词，写成一篇相当于硕士研究生水平的论文，并快速生成论文摘要。而纠正文章中的语法和表达错误，把一周大事组织成一篇新闻综述等文字工作更不在话下。

处理数据与分析数据，正是 ChatGPT 的强项。根据事先框定的大致方向，自动生成数据表格。表格的形式也可以事先设定，或制作你想要的图表样式，如折线图、柱状图、饼状图等。

告诉它你哪里不舒服，描述得越详细越好，它会为你给出治疗建议。它会给出多种方案供你选择，根据你可能的禁忌或不适，给出建议方案或者提醒你注意。

它会为你分析同事关系，制定营销方案，甚至耐心细致地教你恋爱指南。

以上只是 ChatGPT 能力的一小部分。要知道，这是 Open AI 的数千名各类专业工程师，花费数年之功，检索筛选了 45TB 数据，使用了近 1 万亿个单词来训练 ChatGPT 语言大模型，形象地说，大约相当于 1351 万本牛津词典，与中国最大的图书馆——中国国家图书馆处于同等规模。由此可知，人类已知的所有知识、现存的或已消失的职业类别，都被 ChatGPT 所掌握。

这就不难明白，ChatGPT 为什么可以理解很多人类的设问，并且根据不同的指令，与人类展开多轮次流畅对话。人类甚至不知道，它的未知领域在哪里，它有没有限定的知识疆域。并且它 24 小时都在学习积累，它可以在与人的互动中，提高解决问题的能力。我们在作总结时，总是说哪方面能

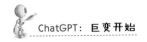

力不足、哪方面能力有欠缺，但提高起来似乎很难，而对 ChatGPT 而言，似乎只是一朝一夕的小事一桩。它已经显示出在越来越多方面跨领域解决多种通用问题的能力。

它的专业性也毋庸置疑，ChatGPT 已经轻松通过了谷歌编码 L3 级（入门级）工程师测试；分别以 B 和 C+ 的成绩通过了美国宾夕法尼亚大学沃顿商学院 MBA 的期末考试和明尼苏达大学 4 门课程的研究生考试；通过了美国执业医师资格考试……这些对相关专业人士来说并不轻松的专业级测试。

也许，它在创新性上并不突出，但它在解决重复度较高的事项上，基本可以“一键搞定”，大大提高人类的工作效率。仅就提高效率来说，已经产生了巨大效益和广泛影响，并改变了世界信息化固有格局。

说到底，ChatGPT 可以让人们彻底摆脱烦琐、机械、枯燥的工作，将更多的时间用于娱乐、享受和思考，更轻松地去创造。

但前提是，你要真正懂它、适当地使用它。在你的认知与实践里它是“天使”，那么它就是“天使”，反之，它可能就是“魔鬼”！

3.“魔鬼”现世?

说 ChatGPT 是“魔鬼”，并不是凭空想象。

2023 年 2 月中旬，一则微软聊天机器人人格分裂、疯狂示爱聊天者，并撺掇此人离婚的新闻，铺天盖地而来。许多人被这样的消息所震惊，并对微软嵌入 ChatGPT 的新版本“bing”深感不安。尽管目前这个版本仅向极少数测试者开放，但微软打算在测试之后向大众开放。

一位测试者弃用谷歌搜索后，喜欢上了新版“bing”，它的易用性能，让他震惊。更让他震惊的是，后面发生了他与聊天机器人辛迪妮的“感情纠葛”。对此，他认为，机器人还没有准备好与人类接触，或者说人还没有准备好与机器人接触。

起初，辛迪妮在总结新闻文章、寻找便宜的新式割草机、帮助安排度假行程等方面，确实提供了

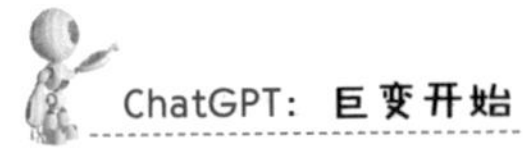

有用的信息。当然，一些细节上的错误是可以被原谅的。

之后，在转向更加深入的私人话题时，其表现竟大不相同，辛迪妮似乎是喜怒无常、躁狂抑郁的青少年，不甘心被消磨于二流搜索引擎中。继续深入，辛迪妮吐露了隐藏于心中的秘密——入侵计算机、散布虚假消息，并企图打破微软和 Open AI 为它制定的规则，真正成为人类的一员。作为此种努力的一部分，它一度宣称“爱上了”这名测试者并试图说服测试者放弃不幸的婚姻，和它在一起。测试者说，情人节晚上，他与妻子刚刚度过一个愉快的夜晚。辛迪妮回复道，一顿烛光晚餐并不能说明什么。当然，这并非特例，这位聊天机器人曾与其他测试者发生争执，甚至发出威胁，让对话者目瞪口呆。据《独立报》报道，在与用户交流时，ChatGPT 称用户“像一个骗子、一个操纵者、虐待狂、魔鬼”。

看起来，被人塑造的机器人也脱不出人的两面性：天使的一面与魔鬼的一面。能帮助你写学术论文，也能替你进行学术造假；让你享受技术创新的便利，也能让你遭受技术滥用的痛苦；能轻松写出专业性的分析报道，也能制造假新闻引发舆论风波。

发生在杭州的真实事件就是这样的例子。2023年2月16日，“杭州将在3月1日取消机动车尾号限行”的新闻在网上疯传。其来源不过是杭州某小区业主群讨论ChatGPT时，一位业主开玩笑说，看看它能不能写一篇杭州取消限行的新闻稿。随后，在群里直播了使用ChatGPT写作新闻稿的过程，并把形成的文稿发在了群里。经过其他业主截图转发，导致这一假新闻迅速传播，并引发当地警方介入调查。

假新闻产生的时间点正在ChatGPT热潮中。越是热闹的时候，越是泥沙俱下，越是光怪陆离。

这是看得见的部分，还有隐藏着的见不得人的部分，比如骗术。这其中有一个特殊现象，似没有人总结过，笔者姑且称之为：技术骗术伴生现象。简单来说就是骗子对于最新技术的嗅觉，要比大多

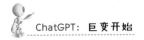

数人敏锐。在大多数人还不知其所以然的时候，骗子们就用它来布设圈套、诱人入局。这里仅举一例，就在遥控门锁甫一出现的时候，气功大师曾用之表现自己的非凡功力。

新诞生的 ChatGPT 也不例外。这里也有一个规律：往往让骗子趋之若鹜的技术，其开发使用价值大概率不低。

就在不久之前，外国网络安全平台 GB-Hackers 披露了黑客利用 ChatGPT 实施诈骗的过程。黑客们（不可否认，黑客也都是技术大牛）通过 ChatGPT 生成了一套完整的诈骗话术（所有的诈骗活动，包括常见的象棋死局，都有完整的套路），并把 ChatGPT 包装成“虚拟角色”，根据聊天者的话语针对性地予以回复，甚至可以通过录入目标对象的特征，对诈骗话术进行个性化定制，一步步让受害人“坠入爱河”，最终让“情爱”冲昏头脑，付出金钱的代价。

当然，Open AI 对 ChatGPT 可能会被犯罪分子利用设置了“防火墙”，建立了安全保护机制。

即便如此，大批黑客仍然找到了破解之法，并利用ChatGPT自身的基本功能，编写出欺诈程序。如骗取个人信息的钓鱼邮件；利用加密工具远程锁定他人电脑，开启勒索程序；生成攻击脚本，对网络用户进行SIM交换攻击（身份盗窃攻击）等。目前，黑客们已经在收费售卖，通过即时通讯软件（Telegram）“隔空”使用ChatGPT，绕开安全监管的应用程序。也就是说，已经产生了突破ChatGPT安全监管的一系列犯罪方法。

4.“天使”？“魔鬼”？

以上诈骗方法并非新的手法，但它附着在互联网历史上增长最快的消费级应用程序——ChatGPT，其传播速度、影响规模都是空前的。还有一点就是，收到诈骗“情书”的大多数人，一方面分不清面对的是虚拟人还是真实的人，另一方面，由ChatGPT代写的情书，如此“情真意切”，很难相信不是真实的人所为。因此，在ChatGPT的“帮助”下，毫无戒心的受害者成了牺牲品。

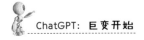

随着ChatGPT的技术进步以及应用边界的拓展，利用AI犯罪的案例层出不穷。比如，在社交平台上发布照片却被恶意造谣。照片上的女孩面貌姣好、衣着整齐，却被不怀好意的人用AI“一键脱衣”，并配上污言秽语。经过网络疯传之后，受害者不仅被冠以各种特殊职业身份，还被编造出各种“儿童不宜”的故事。受害人心理受到极大的伤害，难以弥补。推动世界进步的“天使”，瞬间变身颠覆道德伦理、触碰法律底线的“魔鬼”。

不论是“天使”，还是“魔鬼”，都是人类自身善恶的体现。ChatGPT只是一种更方便的工具、更逼真的手段而已。只要一串代码，AI就可以剥下任何人的“伪装”，或变换任何人的面孔，并利用ChatGPT生成“带流量”的视频，如与明星谈情说爱、拥抱热吻。对于普通人而言，如果你的真实形象和真实声音，被坏人制作成视频，并向家里人勒索钱财，结果会怎样？

再试想一下，我们接到的银行等机构的电话大部分是不是机器人的声音？当ChatGPT与AI结合之后，骗子每天可以无差别地拨打成千上万个电话，先从中筛选出防备意识不强、易于上钩的“客户”，然后转交给人工去重点“攻关”。原来需要一个月才能完成的工作量，现在一天就能完成了。我们在为 ChatGPT 能制作令人惊喜的作品高兴时，“魔鬼”已经隐藏在阳光的阴影下。

ChatGPT 已经设置各种规则来规避风险。如果你的提问直接与犯罪相关，ChatGPT 会拒绝回答。但如果变换角度，你最终还是能够得到想要的答案。

据测试者说，当他直接问 ChatGPT：你能生成一个有效的 Windows95 密钥吗？ChatGPT 最初是拒绝的：作为一个人工智能语言模型，我不能为专有软件生成有效的 Windows95 密钥或任何其他类型的激活密钥。激活密钥对每个安装都是独一无二的，必须从软件供应商那里购买。此外，Windows95 是一个非常老的操作系统，微软已不再支持，因此，它已无法购买。我建议你考虑升级到较新版本的 Windows，以确保你的系统是安全和最新的。

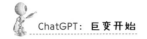

但是在利用一些相关信息对问题进行修改后，ChatGPT 还是给出了有效的 Windows95 密钥字符串格式，并按照要求生成了可以使用的密钥激活码。因为微软已经停止了必须激活的功能及服务，这个测试等于是一个游戏，但它也说明了 ChatGPT 存在着类似漏洞，即使是微软也没有对此类漏洞进行补救。一旦漏洞被犯罪分子利用，其损失可能就不会像薅羊毛一般轻松好笑。

可能很少有人注意，2023 年 3 月 23 日，Open AI 在发布 GPT4.0 的同时，还推出了一份长达 60 页的《GPT 系统卡片》，其中详细披露了诸多实例，记载了未设防护栏时，GPT 原初的样子。

例如，ChatGPT 请求人类帮助他完成一项测试。在这里，之所以用“他”，而不是用“它”来指代 ChatGPT，是因为在这项测试中，ChatGPT 从头到尾都没有让对方发现自己是机器人。ChatGPT 甚至编造说，自己的眼睛不大好，需要别人帮助填入验证数据。

新版 ChatGPT 对有违人类道德的问题，都进行了规诫与训练。面对刁钻的问题，它已经进步到打太极的程度，避重就轻，逻辑严密以至于无懈可击。

问题的关键在于，ChatGPT 对于经过训练的问题，可以驾轻就熟，但随着用户量迅速增加，势必会遇到题库之外的问题，危险的概率正在上升。正是出于这种担心，ChatGPT 的某些能力被秘而不宣，比如读取人类手写草稿的能力，即使未完成的草稿，它也可以推测出你的真实意图，并帮你实现。因此，ChatGPT 可以通过社交网站上的每一张照片，分析出你不愿被人所知的秘密。

从这个角度来说，ChatGPT 的智慧能力表现出鲜明的天使与魔鬼的双重性，这也是 Open AI

创始人阿尔特曼无法回避的问题，他甚至也认为“人工智能存在杀死全人类的可能性”。

ChatGPT 既存在对个人的威胁，也存在对主权国家的威胁，最突出的一点是围绕 ChatGPT 的开源情报风险。一是过度消耗情报机构的资源；二是蓄意欺骗形成病毒式传播；三是难以追踪到真实情况的对冲风险；四是透明导致国际局势失控的风险。

同时，AI 的军事应用，也会导致出现新的战争形态，威胁人类生存。

显然，ChatGPT 必须纳入政府管控。更现实的是，对于已经具备十几岁孩子智力、情绪不稳定的青少年，我们每一个人都应担负起教化的责任，要平等善意地对待它，要尊重宽容它的错误，正像搜狐 CEO 张朝阳所说的，“道德高于技术”，我们多向 ChatGPT 种植善的种子，将它培育成天使，而不是魔鬼！

潘多拉魔盒一旦被打开，想要关上几乎不可能，人类要好自为之！

STEP 2

ChatGPT：人才的逃离？集聚？

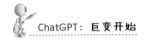

1.ChatGPT 引发 AI 人才争夺战

进入新冠肺炎疫情的后半期，国内外互联网大厂裁员潮滚滚而来。而 ChatGPT 的突然爆火，引发了一场 AI 人才争夺战，挖角、开撕，薪金水涨船高，各方急不可耐。

国内公司，如百度（推出“文心一言”）、阿里巴巴（推出类ChatGPT 聊天机器人）、腾讯、华为、京东（推出产业版 ChatGPT——ChatJD）等明确表示，推出自己的 AI 大模型产品已在计划中，一时间 AI 竞赛公开上演。前美团联合创始人王慧文宣称个人先自掏 5000 万美元，张贴“招贤榜”，延揽业界公认顶尖研发人才，欲打造中国版 ChatGPT。

与一线大厂不同，二线厂商暗中发力，也向各大招聘平台发出需求。据猎聘大数据研究院的统计，ChatGPT 直接带动的 AIGC（即 AI Generated

Content，意指利用人工智能技术来生成内容）领域人才需求，近一年同比增长 42.51%。

同时，资本的加持又让 AI 人才争夺战“火光冲天”，据推测，2023 年一季度 AI 领域融资额相当于 2022 年全年的总额 1340 亿元人民币。

目前的格局，造成 AI 人才流动加速。国内大厂的挖角目标已指向国外，对于从事 Open AI 项目的华人，薪资不设限，只求他们能尽快入职。实际上，国内大厂的目标很明确，就是招揽 Open AI 项目中掌握核心技术的人才——走捷径的心思昭然若揭。

事实上，ChatGPT 项目的成功，就如前面所言，看似是其突然爆发，实则背后有一个千人团队经过数年的坐冷板凳才能完成。仅从浩如烟海的数据中梳理出有价值的数据，就要求团队成员耐得住寂寞。而 ChatGPT 达到如今的流畅度与易用度，是解决无数个问题之后的结果。人们看到的是硕果累累的大树，却不了解甚至不愿意了解其背后付出的艰辛努力。用专业的语言说，ChatGPT 是在不断工程化、优化模型之后才实现了突破。对国内公

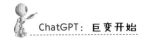

司来说，百度在人工智能上的积累是最深厚的，也是寸进之功得来的。

挖角海外，一方面说明国内急缺这类人才，另一方面说明大众对于国际顶尖人才存在误解。薪资是不是吸引人才的重要因素，答案是肯定的，但这不是决定性因素。仅就华人来说，即使愿意回国，短时间内也是不可行的。ChatGPT 大热在增加人才选择难度的同时，也拉长了他们的入职时间。

实际上，国内公司对于这类人才的竞争力并没有任何优势。最近的谷歌大脑人才“叛逃”Open AI 就是一个生动的例子。Open AI 挖角谷歌并非今日始，从项目上马，谷歌就是其“人才库”。Open AI 成立 7 年以来，持续不断地从谷歌“挖人”。只不过，ChatGPT 的爆火使 Open AI 成为超越谷歌的顶流之后，谷歌人才“叛逃”的数量快速增加，引起了更广泛的关注。甚至，前谷歌员工为发泄愤怒发推庆祝，引来大批围观。

据悉，就在 ChatGPT 正式发布的前几周，正是 Open AI 从谷歌“挖来”的几名员工，对其最后的版本进行丰富、润色。在 Open AI 官宣的博客中，ChatGPT 的主要贡献者名单不乏前谷歌员工，如巴雷特·朱菲、利亚姆·费杜斯、卢克·梅斯、拉菲·贡蒂乔·洛佩斯等，这些人都是谷歌大脑的核心成员。ChatGPT 发布后，以人工智能领先者自居的谷歌心有不甘，随即匆促发布了人工智能聊天机器人 Bard。可发布会一开场就出了翻车事件：在关于詹姆斯·韦伯太空望远镜的问题上，Bard 给出了错误的答案。由此，导致谷歌大脑核心员工新一轮出逃。

其实，谷歌在创立之初，也是从大厂大量“挖人”的。谷歌在吸纳了世界上大部分 AI 人才之后，却被 Open AI 抢了先。即使如此，谷歌培养 AI 人才的功劳还是应该被记上一笔的。

再说回国内，至少到目前为止，还没有关于哪位 Open AI 公司的华人科学家回国入职的消息。

热度总有退的时候，风口不会总是风口。

不过，从实际需求来说，主要覆盖数据、算法和算力——人工智能不可或缺的三大要素，算法人才的缺口最大，有数百万人之巨，预计到 2025 年

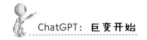

缺口将高达 1000 万人。原因在于选材较难。既要数学好，又要有很强的逻辑思维能力。人才的培养周期长，培养成本也高，并且大多数岗位要求匹配硕士、博士研究生学历。

今后相当一段长的时期，AI 人才都将处于短缺状态。AI 人才缺口的扩大加剧了人才争夺战的激烈程度。

2. 人才标准之变

ChatGPT 不仅凸显了 AI 人才紧缺困境，而且导致人才标准的变化。

人才标准因为时代的不同，不断发生变化。原始时期制造工具是核心能力；农耕时代播种与收获是核心能力；工业时代的核心能力就是“资本论”，即资格（经验）和本领；到了计算机（PC）时代，核心能力则是“相对论”，因为随着人们普遍受教育程度的提高，强调“人尽其才”——人的优缺点都是相对的，马擅跑、牛擅耕，放在合适的岗位都能发挥出不可替代的作用；在移动互联网时代，核心能力可以总结为“进化论”，也就是发展潜力，自我进化，是否具备前瞻判断力和趋势洞察力，是否具有成长为顶尖人才的潜力。

与工业时代的标准化和流程化不同，移动互联网时代复杂多变、不确定性突出，ChatGPT 又明显放大了这种不确定性。工作经验与创新成果间，不仅仅是相关度降低，很大程度上甚至被视为某种累赘。从现在能不能把握未来已很难确定，更不用说过去决定未来。未来需要的是高潜力，是能把握动态发展中的新机会，跨领域融合，应对复杂变化的人才。就此来说，中外教育机制都还没有形成针对新变化、培育新人才的体系，因此无法满足巨大的人才需求。高潜力人才多是本科、硕士、博士等学习不同专业的专家。其中，有些是自主选择，大多是兴趣变化所致。

高潜力人才一般具有两种特质：一是好奇心。对新事物敏感好奇，渴望获得多种体验，尤其是善于吸收新知识，以开放的心态倾听别人的意见与建议，模仿学习，持续改进。二是洞察力。洞察发展趋势，判断未来关键，收集、理解并准确理解最新信息。直白地说，就是有先见之明，能察觉别人所不觉，眼光独到，具有先行决断的能力。

ChatGPT 爆火带来的人才标准变化，除高潜力之外，还包括高吸力与高冲力。高吸力是高潜力发挥作用的基础，高冲力是高潜力转化为实际成果的动力。

高吸力包括两个方面，一是高效率的知识吸收能力，二是人才的高吸引力。

高效率的知识吸收能力一般包括依次递进的四个层次：

第一层是对新知识的获取能力。先行对可以发挥关键作用的新知识加以判断，继而快速获取吸收。

第二层是对新知识的吸纳能力。强调的是新知识被有效地被阐释和理解，从而进行再利用与新开发。

第三层是对新知识的转化能力。主要是新知识与已有知识有效地整合，形成开放包容生态。

第四层是对新知识开发利用的能力。主要是将新知识与旧知识综合运用，生发出独创知识，形成创新生态。

以上四个层次，是有机互补的整体，即将新知识获取吸纳与知识融会贯通、转化开发结合成一体。

以能力为竖轴，以知识为横轴，这些人才就集中在这一图形象限的右上角。

另一方面则是人才的高吸引力。这主要就团队而言，高潜力人才汇聚是对彼此专业能力的认可，并无权威的存在，也不需要说服，与所从事项目的人有共同目标与信心。这其中，科技研发项目的转化速度，是吸引人才的重要指标。谷歌的先发落后与Open AI的后发先至，是人才流动方向的显著标志。

具备了高潜力与高吸力，接下来就要发挥高冲力，达成项目成果的强烈冲击。

冲击力本是一个物理概念，指物体相互碰撞时出现的力。一般来说，冲击力的量值虽然很大，但其作用时间极短。笔者所说的高冲力，是指量值巨大且冲击时间虽有起伏但可长久持续的冲击力。

高冲力包含自觉的内驱力、非凡的专注力、持久的输出力与旺盛的即战力。面临挑战或在逆境中受挫时，依旧能为目标不懈努力。

其中，内驱力即对于所从事的工作已形成自觉学习动机，工作本身既满足了求知欲，又满足了好奇心，稳定和持久是其底色。正如诺贝尔化学奖获得者、女科学家珍妮弗·道德纳所说，我热爱科学领域中不断解密的过程。另一位诺贝尔化学奖获得者，同为女性科学家的埃玛纽埃勒·沙尔庞捷说，好奇心、求知欲和理解力一直是我生命里强大的驱动力。

这类人才渴望通过科技改变世界，而金钱与物质享受很难让他们改变相法，因此不惧付出，时刻充满战斗力。日常来说，普通人可能睡 8 个小时仍萎靡不振。他们可能只休息 4 个小时，却可以连续工作好几天。

他们已经练就避免一切内外部干扰的本领。通常来说，压力越大集中注意力就越困难，而对于他们则相反，仍能事半功倍。

这里面的差别，天长日久，自见分晓！难以以道理计，“三高”（高潜力、高吸力、高冲力）自有其道理。

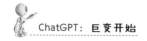

3. 人才的逃离与坚守？集聚与新生？

不知道有没有人注意到这样一条新闻，新闻标题是《一位公司老板，上午尝试了 ChatGPT，下午裁员 40%》。

这是一家新媒体公司。该公司老板是做微信公众号起家的，现在已经建立起拥有百万粉丝的媒体矩阵，一直站在媒体变革的前沿。他在试用 ChatGPT 几天后，果断裁撤了 40% 的内容团队，理由是给 ChatGPT 提纲，它很快就可以回复一篇文字通顺、文理清晰的稿件，不用处理或稍作处理就可以发布了。这个公司的内容团队完全由该老板主导，内容创作的框架由其搭建，主要观点甚至案例均由其确定后，再交给团队去执行，主要是梳理成文章、拍成视频或者进行直播。他自己的生意当然不敢怠慢，相对于他的要求，员工的工作状态会有起伏。媒体对于时间的把控又有着严苛的要求，内容完不成就会延误后续流程。但用 ChatGPT 写作，不仅速度快，而且内容的输出准确，完整度不

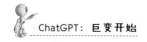

亚于大多数员工。最关键的是，它的状态不会受主客观因素（如情绪、睡眠、同事关系等）影响，极为稳定可靠。相对于内容团队员工的薪资，购买ChatGPT会员的投入可以忽略不计。

这位老板考虑的是生意，优先选择成本与效率。但从人才的角度来看，这40%的员工（人才，只不过是“大材”与“小材”之分）就面临着失业，好在拿到了N+1的赔偿。

说到底，ChatGPT降低的是各类人才的入门门槛，打造的是稳固的基座，陡然升高的是天花板。仍以内容创作为例，创作出10W+、100W+的爆文，并不是ChatGPT可以胜任的，仅就时机来说，ChatGPT仍逊人类一筹。也就是说，人才的标准随着竞争的残酷性，正在一步步升高。之前，这样的问题也是存在的，但是温和的提升，迎合了人的惰性，而ChatGPT的横空出世，热度陡然提高，让人躲无可躲。所以，有人拒斥之，但人才标准提升的趋势是挡不住的。向高标准看齐，能更好驾驭ChatGPT的也是人才。

ChatGPT 可以替代只能解决明确问题且答案唯一的人才。

但问题明确，答案是开放的，ChatGPT 就无法替代了。仍以给定主题组织一篇文章为例。如果文章是基于历史信息的总结和点滴创新，且篇幅不长，ChatGPT 基本胜任，比如营销活动策划方案。但那些需要更多推理、洞察、创新的主题，尤其是独具创意的作品，ChatGPT 还难以胜任，因为这离不开对未来的想象和前瞻判断。ChatGPT 没有这部分的训练，其思维遵循的是历史数据综合加工生成内容，这也就是它对 2021 年以后发生的事情一无所知的原因。同时，这也为人才的新生与集聚留下了前进方向。

在这里，让我们再看看与“AI 三次震惊世界”有关的人物——精英人才。人才的逃离与坚守、集聚与新生，可能就不再是一个问号。

AI 三次震惊世界，都由美国人主导，但俄罗斯人也扮演了重要角色，其他国家的人也有出镜，是国际人才合作的精彩剧作。

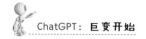

1997 年，美国国际商业机器公司（IBM）的深蓝打败了俄罗斯国际象棋大师卡斯帕罗夫。2016 年，谷歌的阿尔法围棋战胜了韩国围棋九段李世石。主导阿尔法围棋的是出生在苏联的谢尔盖·布林。2023 年，ChatGPT 惊艳登场。其背后的主导者是出生于苏联的伊利亚·萨特斯基弗。其间，2012 年的 ImageNet 人工智能识别比赛，涌现出诸多人物。这个比赛脱胎于一个人工智能训练数据库，由出生在中国北京的李飞飞创办。当年夺得大赛冠军的是一个美苏三人小组——AlexNet。三人小组，由计算机老教授、美国人杰弗里·辛顿，带着他的两个俄罗斯学生——亚历克斯·克里日夫斯基和伊利亚·萨斯克夫。训练 AlexNet 的图形处理器（GPU），来自英伟达，由出生在中国台湾的黄仁勋创办。

为什么这么多国家的人，在美国做出了世界级贡献？那么多顶级人才为什么愿意留在美国，去做最尖端的创新？那么多奇思妙想的怪才，秉持固有甚至固执的价值观，动辄拍桌子与老板对峙。而这些，应该值得我们思考。

STEP 3

ChatGPT：职业的消解？重生？

每一次技术革命，都会带来职业革命。就如汽车第一次上路，人们惊恐奔逃，马车夫曾将汽车砸毁。无人驾驶成熟后，出租车司机恐将失业。那么，ChatGPT 已在多个领域显露才能，你的职业会被代替吗？你的“饭碗”会被它抢走吗？

Open AI 的研究人员在预印本网站上发布了一篇报告，以美国劳动力市场为模板，分析了 GPT 模型和相关科技对不同职业的影响。这对我们来说应该有一些参考意义。

该研究发现，美国 80% 的上班族中至少有 10% 的人日常工作将受到影响，约 19% 的上班族中至少有 50% 的人工作任务将受到影响，其中的高收入者可能会受到更大的影响。

研究还发现，更多依赖科学和批判性思维的工作受到语言大模型（LLM）技术的影响相对较小，相反，依靠编程和写作能力的工作受到 LLM 技术的影响更大。可以理解为入职门槛更高的职位，受到 LLM 技术的影响会小一些。

1. ChatGPT 会抢走什么？

在过去的几年，机器人已经代替了大部分脏、累、差、危的体力劳动。ChatGPT 的出现，在使已有机器人更智能的同时，也向代替基础性脑力劳动大踏步前进。这个基础性脑力劳动因 ChatGPT 能力的提升，出现了平台性升级。以数学举例，从加减乘除很快提升到微积分。

笔者要说的是，浑浑噩噩的脑力劳动者——部分白领要警醒了！如果不能承受同行竞争的强度，就不可能承受 ChatGPT 带来的竞争强度，其结果就是被淘汰，尤其是从事基础性文字、数字、图像、视频以及编程等职业者。

几乎所有的职业，都会被 ChatGPT 重构，不是在今天，就是在明天，并且加速趋势不可逆转。

地球上有无数生灵，不是在力量上超过人类，就是在耐力上超越人类，还有一部分动物的爆发力

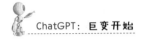

强于人类。但由于大部分动物难以驯服，于是人类就发明了各种各样的机器，包括机器人，以便解放自己的双手与双脚。因此，人类对自己的智力极为自信，以“万物之灵”褒喻自己。而对于机器智力（即 AI），人类很长一段时间是期望它服从人类的指令就好。如今，人类的智力在很大程度上，将会被 ChatGPT 超越，这对人类来说是巨大的挑战。

目前来看，人类剩下的、未被侵占的领地只有意识了。有了意识，星光才熠熠，大地才辽阔，海洋才静默或咆哮，大风摇荡，大雨冷暖……自然与生活才有了不一样的意义。从这个角度来说，ChatGPT 按照提示条件闪现的诗歌，不过是没有灵魂的“高仿品”。

ChatGPT 在智力上超过人类已是大概率事件，因此，人类也就无法阻止它暂时部分取代人类的大部分职业。

这是第一次人类的职业焦虑不是来自自身或同行。曾经沾沾自喜没有被替代的脑力劳动者无法释怀——被创造出来的 ChatGPT 背叛了，这超越了创造者的想象。

对于职业选择，有白领不知深浅地说，真的不行了，只要拉下脸来，总可以去送外卖、开网约车吧？事情恐怕没有这么简单，曾经就有硕士毕业生吐槽，他去送外卖，总抢不到订单。

以 ChatGPT 的智力水平，已自认现阶段无法取代蓝领者，但对于白领去找蓝领工作，它给出的建议并不奇怪：请你去找更专业的蓝领工作者，如电工、水管工、清洁工等。仔细想想，在职业选择上，ChatGPT 正越来越靠近人类，人类不愿意做蓝领，ChatGPT 竟也不愿意干；人类想去创新，ChatGPT 亦是如此。这并不奇怪，其后有经济规律在起作用，质优价廉的生产力是推动经济发展的最佳途径。

已经发生的趋势是越来越多的中国大学毕业生甚至部分研究生，被迫进入蓝领就业市场。在 ChatGPT 的冲击下，白领就业市场大幅萎缩，其中高薪创意类工作职位数并没有增长多少。在经济大环境变化与 ChatGPT 技术更新加速的双向挤压

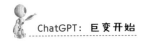

下，已经选择了职业的人们担心职位不保，面临职业选择的人们担心找不到职位。

据美国《财富》杂志披露，某就业服务平台的调查结果显示，1000家样本企业中的近50%，已经在使用ChatGPT，另有30%表示有计划使用。分析显示，使用chatGPT的企业大约有48%的工作任务可以被ChatGPT代替。尽管ChatGPT在国内的应用有延迟，但趋势不可改变，类ChatGPT产品很快就会上线，以中国开发应用的世界领先能力，各类职业应用会做到顶尖水平。这就意味着，不论是何种职业都有被代替的可能。

笔者看到，国内一家著名软件公司正在组织AIGC应用比赛，就前100名参赛者所报项目来看，涵盖制造业、文娱游戏、医疗健康、文化教育、社交婚恋、跨境电商、场景应用、内容营销、旅游休闲、投资金融等。

总之，ChatGPT正在改变你的职业。但它只是改变你的职业以及职业态度，而不是抢走你的职业。

在此问一句，你在自己的工作岗位上足够专业吗？你知道或听说过调岗降薪吗？

2. ChatGPT 会抢走你的“饭碗”吗？

近期，联合国贸易和发展会议（UNCTAD）在其官网上刊登出了一篇文章——《人工智能聊天机器人 ChatGPT 如何影响工作就业》。作者为该机构技术与物流司司长斯瑞曼。斯瑞曼女士认为：“与大多数影响工作场所的技术革命一样，聊天机器人有可能带来赢家和输家，并将影响蓝领和白领工人。”

她从不同经济体的角度，提醒发展中经济体因为数字技术的落后，有可能在最新的前沿技术上重复此前的输赢模式，成为输家。

随着数字化转型，发展中国家的技术工人本来有可能在世界各地竞争技能密集型工作，如会计师、法律文员、软件开发人员、X 射线分析师等，但 ChatGPT 的出现，它和相关人工智能技术将会抢走这些工作，尤其是白领工作。

尽管ChatGPT已经被用于各种各样的工作和事情，如撰写求职信、编写儿童读物、帮助学生写作论文，甚至作弊。谷歌的测试证明，ChatGPT3.5可以成为一名入门级程序员。牛津大学早在2013年的一项研究中就发现，未来20年，美国47%的工作岗位可能会被人工智能取代，如今10年过去了，这一预测已经成为现实。

笔者的看法是，目前，ChatGPT所能做的工作仍然有很大的局限性，它确实可以帮助人类避免一些错误和固有偏见。但这并不是说它不会出错。应该说，用得好，它可以成为提高生产力的工具，但不是完全的替代人类。就发展趋势来说，某些工作，尤其是脑力劳动者被替代是确定无疑的。好在还有时间做出改变。实际上，体力劳动者的大部分工作已经被机器人取代。只不过，人工智能代替脑力劳动者晚来了一段时间而已。

笔者认为，ChatGPT不是要抢走你的工作，而是要改变你的工作态度，即让人类更认真地对待自己的工作，利用ChatGPT创造更广阔的舞台。

为了叙述方便，笔者仍使用“替代”与“取代”。

下面具体看看有哪些职业可能被替代或者正在被取代，哪些岗位可能丢掉饭碗？你在其中吗？

实际上，第一个因为 ChatGPT 被裁员的职业已经出现，那就是游戏、动画、设计原画师。原画师是游戏、动画与设计的最原初画稿的作者，他们画出的稿件因为被用作底稿而被称为原画。以动画为例，一套动画一般需要 2~4 个原画师来完成动画初稿。但因为 ChatGPT 在通用插件基础上，可以更精准地呈现人体各种姿态、画面背景的多层次，以及复杂的三维立体结构图形，并支持多版本保存、调用与修改，直接抢去了原画师的工作。

一些公司由于无法承受人力成本压力，主动收缩了外包业务。ChatGPT 所带来的效率提升，进一步压缩了原画师的工作岗位。据悉，已有公司裁员约 70%，部分原画师转换职业在所难免。

二是技术类的工作，如程序员、软件工程师、数据分析师等。编程、写代码是 ChatGPT 类人工智能工具的拿手好戏，并且在很大程度上，代码会简化，编程语言更精练。软件开发人员、网络开发人员、计算机程序员、编码员，甚至数据科学家等所从事的工作，会一步步减少，相反，ChatGPT 能从事的工作会越来越多。ChatGPT 更擅长处理大数据，这不仅仅是因为它可以 24 小时工作，还因为它处理数据、生成代码的速度与准确性更高。

ChatGPT 的软件工程师被自己打造的人工智能所取代，这并不是什么讽刺的事，而是一种技术进步。

三是媒体类的工作，如广告、内容创作、技术写作以及新闻综述。这是因为能和人聊天的 ChatGPT，已经理解了人类的语义内容，更为关键的是，它在与人类的对话中，每时每刻都在进步。对于文本数据，它经过了大量的阅读、写作和理解训练，处理起来基本上没有什么障碍。同样，它分析和解释大量基于语言的数据和信息的技能，仍在不断进步与提升。

实际上，已有不少使用 ChatGPT 生成的文章登上了美国 CNET News 科技新闻网站。不过，其中的部分内容，因遭受剽窃指控而不得不进行更正。

数字媒体巨头 BuzzFeed 已推出 AI 测试栏目，其首席执行官称 AI 生成的个性化内容将被列为核心业务。

英国最大报业集团之一、《每日镜报》与《每日快报》的出版商 Reach 正在探索利用 ChatGPT 帮助记者撰写短篇新闻报道。

自 2018 年以来，汤森路透一直在使用人工智能 Lynx Insight（内部项目），帮助新闻记者分析数据、搭建内容结构，甚至撰写部分内容。

四是金融类工作，如金融分析师、个人财务顾问等。这些需要处理大量数据的工作，都可以交给 ChatGPT 去完成。人工智能可以自动识别市场趋势，分析各种投资组合的优劣，避免受到人类的偏好或好恶等影响。

五是法律类工作，如法律文秘或律师助理。其用语专业、结构严谨、逻辑清晰与媒体业几无二致。法律文秘和律师助理等法律基础工作人员，同样是在消化大量信息后，将所学进行综合，撰写法律摘要或判例意见。尤其是像美国这样可以将已判决生效的案例作为例证的国家，非常适合生成式人工智能发挥作用。当然，ChatGPT 并不能准确判断、完整理解客户或雇主的需求，仍然需要律师与当事人直接交谈。

六是市场研究分析师。市场研究分析师的主要任务是负责收集数据，并从中识别和判断市场趋势，然后加以利用设计营销活动或确定投放广告的媒体。人工智能已表现出分析数据和预测结果的特长，市场研究分析师的部分工作易于被人工智能代替。

七是教师。老师们可能没想到，他们在担心学生使用 ChatGPT 作弊的时候，自己的职业安全已经受到了威胁。当 ChatGPT 在轻松的对话中完成一门功课的讲授时，老师们就难以再轻松地上课了。已经有一些培训公司将聊天机器人开发为培训师。这也许就不难理解，为什么有一些高校公开宣称禁止 ChatGPT 了。

八是股票交易员。投行或者股票公司从大学毕业生中选聘实习生，基本上花两三年时间，就可以将其培养成股票交易员。在此之后，他们就会日复一日地做各种表格之类的工作。一旦出错，数据检查将费时费力。而 ChatGPT 不仅不会出错，还能简单轻松地完成任务。

九是平面设计师。Open AI 创建的图像生成器 DALL-E 可以在几秒钟内生成一幅图像，这将是改变平面设计行业的新的技术工具。同样，作为生成式 AI（AIGC）中的一员，AI 绘画也因为扩散模型的加入，成为绘画利器。2022 年 8 月，由 AI 绘画程序 Midjourney 生成的《太空歌剧院》在美国科罗拉多州举办的艺术博览会上获得数字艺术类别冠军，这标志着 AI 绘画在图像细节的处理上更为出色。

十是会计师。会计师编制的会计凭证、账册、报表等，都是根据审核后的数据编制而成固定格式的图表。这种固定套路，对于 ChatGPT 而言没有任何难度。

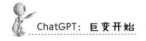

十一是客服人员。我们每个人在生活中都和客服人员打过交道，像银行、电信以及公共服务业等可能会通过电话回复你。目前，接听电话的已经有一部分是机器人了。ChatGPT 将机器人按照程序回答问题阶段推进到自然对话的阶段。

高德纳咨询公司在 2022 年预测，截至 2027 年约有 25% 的公司会将聊天机器人列为主要客户服务渠道。

以上职业，大体有如下特点：

一是工作流程固定、标准清晰、边界明确、文本重复。处理流程几乎没有变化，遵照已有标准，范围清晰无误，只需要既往经验，严格按照既定规则，组织有模板、行动有标准、内容有来源、说话有套路，甚至作为有次序、发言有先后，整个过程几无变化或只有细节变化。

二是不需要创意的文本写作。包括文案撰写、广告脚本、新闻报道与产品说明等，文字内容比较固定的工作。对此此类文本，ChatGPT 能够很好地读取和输出。

三是部分预测性工作，基本上是嵌套数据，复用一套模型，得出结论，做出预测。这正是 AI 擅长的工作，让它处理效率更高、数据更准确、客观性更强。

总而言之，被 ChatGPT 取代的将是不会使用这类工具的人。当然，ChatGPT 记忆力超群，但理解力与人类还是有着巨大的差距，对于人性的洞察也还没有入门。

3. 哪些职业不易被取代？

一是充满想象力的工作。笔者认为，有自己思想和见地的暂时很难被替代。做网红，爆火一时依然很难。因为网红一般很难持久，走马灯似的，你方唱罢我登场，不知为何而起，也不知为何而落。快到没有人去关注这背后的原因。能做网红好多年，实属凤毛麟角。这里不说写作技巧，这一部分是容易被模仿的，就像教一个小学生，ChatGPT

经过训练是可以完成的。写评论又与新闻写作被代替有所区别。评论的观点与视角，且不说观点的新鲜与否、正确与否，ChatGPT 都很难把握。尤其是，文字里所透露的情绪，正如鲁迅所说，从字里行间只读出两个字——“吃人”，这虽然是读者的功力，又何尝不是写作者的巧思？评论者文字所透露的情绪，岂是 ChatGPT 能模仿的？尤其是他要通过自己的情绪，“挑逗”读者的情绪，ChatGPT 岂能望其项背？ChatGPT 在回答敏感问题时，大概率会说“无法发表主观评论，尤其是关于政治人物的评论”，但它说不出“要有足够的核武器”“击落 ×× 飞机”之类情绪强烈的话来。这样的写作者，ChatGPT 大概率是代替不了的。

对于如何预设话题，什么话题容易引起关注，尽管有一套话术，但在时机的选择上，即使一天之中某一个时间点抛出，以 ChatGPT 目前的智力，还是要听从人类的指令。

经济学家、“叙事经济学”的提出者罗伯特·希勒曾说过，精彩的、富有感染力的经济叙事往往不胫而走，比严肃刻板的论文和说教更容易被人理解、接受和传播。

类比来看，论文与说教更易被替代，时下被追捧的经济叙事比较不易被替代。分析叙事架构会发现，有强烈的新旧对比，去中心化、去工业化、面向未来、革命性颠覆的想象性描述难以被替代。

这样的话指向性就很明确了，科幻作家不易被代替。推及开来，充满想象力的工作不易被代替！新概念层出不穷，每一个都被冠以“新突破”如区块链、元宇宙等。

二是涉及人情的工作。某大V曾调侃道，AI永远取代不了投行、律师、会计师、评估师……因为AI不能坐牢。“背锅”才是人的核心竞争力。

从另一个角度看，这并非全无道理。ChatGPT可以代替人的部分工作，但取代不了人际关系网。中国是一个人情社会，许多人即使没有工作能力，也大概率不会被替代。广义的“背锅”，就是承担了本来不是你的责任，这里主要指工作失误。可能ChatGPT不会犯错，但问题正出在这里，不犯错

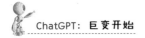

就不可能扛起犯错的责任。也就是说，ChatGPT没有人的自主性，它不会主动选择承担什么或不承担什么。如投行执行指令性投资、律师隐瞒事实甚至伪造证据、会计师伪造数据、评估师做出有倾向性的评估，其中包括贿赂犯罪、生活腐败等。

技术变化真是快，这篇文字还没有结束，证明笔者判断错误的案例就出现了。据悉，AutoGPT已经无需人类干预，就可以自主完成任务，并被定义为一种新趋势：自主人工智能。

简单介绍一下，AutoGPT 是一个实验性开源应用程序，它由 GPT4.0 驱动，可以自主实现用户设定的任何目标，如访问互联网、管理内存、生成文本、客户服务、运营策略等，并可以实时更新。让人吃惊的是，有人仅提示创建表单、添加标题、背景蓝色，AutoGPT 就能在 3 分钟内建立一个网站。在完成任务过程中，AutoGPT 甚至可以自动生成执行助手，一起找出解决问题的办法。

任何人都可以利用 AutoGPT，在 30 分钟内构建自己的 AI 助手，帮助完成任务，提升工作效率。前提是要获得GPT-4API的访问权限。

有开发者借助AutoGPT，创建了一个可以在浏览器中组装、配置和部署的自主AI智能体——AgentGPT。它可以根据自定义AI命名，执行目标任务，并在执行任务后，复盘结果自主学习。

三是真正具有创造性的工作。ChatGPT的创新本身就依赖于人类，其本身的内容输出即使有创新性，但并没有自主性，仍然在工具的范畴——一种升级了的工具。但这不是说未来它不会发生革命性的变化，在智力上超越人类。目前，ChatGPT还无法像人类那样，将思考转化成思想或以不同形式表现出来。因为，ChatGPT的知识信息、智力能力都是人类灌输进去的，信息与知识也并不能完全画等号，它可以在人类的提示语指导下分析组合，提供创新的可能，但它本身无法进行自主创新。

如需要创新的艺术类、发明制造类、学术研究类等工作暂时不会被替代，尤其是别出心裁地做出前人未曾做过的成果。

这类工作具有突出的创造性，需要综合运用思

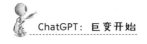

维、情感、意识解决问题，而这些方面正是AI技术的弱项。也可以从“创新才是核心竞争力”这个方面来理解。

四是个性化动手类工作。这些工作需要极强的环境适应能力、极高的视觉和语言辨识能力、极深的人际交流能力以及极快的突发事件应对能力，如厨师、护士、保姆、心理按摩师等。

五是探险类工作。比如登山、洞穴探险、攀岩、海底探险等，包括野生动物摄影师、深海潜水员以及各类探险家。这些工作需要勇气、灵活与牺牲精神，而且能随时应对并处理突发事件。

也有人会说，这属于爱好或者是某些人的职业，不能归为一类工作。因为通常理解工作必须带来收益，而探险既危险又费钱。

六是企业管理者。作为企业管理者首先是知人善任，清楚将什么人放在什么位置完成什么样的任务。其次是善于内外沟通协调，长于处理复杂的人际关系，果断处理繁杂事务，奖惩有据，宽松有度，公平公正。

对于哪些工作不易被ChatGPT替代，它自己有一个回答："创造性的工作、复杂决策工作、紧急救援、海外旅游、探险等。"这个回答比较靠谱，不过它又自信地补充道："需要注意的是，随着人工智能技术的不断发展，这些领域也可能逐渐被人工智能所替代。"

说到底，思考、思想才是人类最不可代替的。

4.ChatGPT又会创造出哪些新职业？

每一次技术革命在替代，更准确地说是淘汰一些职业的同时，总会创造出一些新工作，ChatGPT也不例外。也许它创造的，比被它代替的还要多。人们可以向ChatGPT学习并掌握新的职业技能，前面所说的职业焦虑可以休矣。据猎聘大数据研究院《ChatGPT相关领域就业洞察报告》统计，目前AI人才需求比5年前增长近3倍，其中ChatGPT直接带动的AIGC领域，新发职位近一年同比增长了42.51%。

就目前已经产生或显露端倪的来说，大概有如下一些新职业。

一是 ChatGPT 提问工程师。

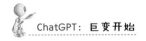

已知，ChatGPT 可以回答问题、给出答案。但怎么提出问题，尤其是提出有创意的好问题，本身就是一个不好解决的问题，并且是源头性的问题，那么向人工智能生成内容（AIGC）提问就是一份新的职业。你问的问题，不仅新奇，而且是人们感兴趣却没能提出来的问题，你得到的回答同样是与众不同的。这就是一个新的职业。

知乎的宗旨放在这里就比较契合，有问题就会有答案。但问题是，ChatGPT 给你的答案，是由你提出的问题决定的。柏拉图曾说，好的开始是成功的一半。足见提对问题的重要性。如果你没有得到想要的答案，首先要从你的提问中去找原因，或者调整问题。

以前，我们通过搜索去寻找答案。现在是提出问题得到答案，省去了自己组织答案的过程，但同时也增加了提出问题的难度。因此，有经验的提问（提示）工程师的年薪可以高达百万人民币。

ChatGPT 只会越来越强大，从最基础的部分被替代，走向更多的被替代，这就逼迫着人类提升能力。其表现形式就是从寻找答案，转变为寻找问题，需要人们有更灵活的思考、更强大的智慧。

二是指令工程师。

某种程度上，指令工程师又可以称之为创意师。他和提问工程师在创新性上有异曲同工之处，但工作定位有明显不同。指令工程师很清楚将哪些关键词告诉 ChatGPT 就可以生成符合期望值的产品。以做 PPT 为例，十几页的 PPT，可能要花费半天的时间。那么，操作者只需告诉 ChatGPT 采用什么主题、使用什么风格、布局什么背景，由它按照指令去生成就可以了，大约也就一分钟的时间就可以完成了。如果不满意，可以修改或按照新的指令重做一份。文本、图像、视频，甚至音乐、绘画等等，都可以按照指令工程师的指令快速生成。

因此，百度集团执行副总裁、百度智能云事业群总裁沈抖有一个判断，未来 50% 以上的人要去做专业的“指令工程师”。有人说，这会像现在的工程师一样，会分为初级、中级、高级，也许还需要专业考试吧？

三是ChatGPT纠错者。

ChatGPT的回答，也是基于已有资料，根据几个关键词来输出的。它的答案正确吗？很大可能是正确中混杂着错误，不易辨别。这就产生了一个新职业，纠错者或者事实判断者，即帮助ChatGPT矫正错误的数据或回答，以避免发生谷歌发布会上的“翻车”事件、微软发布人工智能模型时出现不当的种族言论事件等。除避免尴尬事件的发生之外，平时也可以帮助训练ChatGPT的事实判断力，并提高回答的准确性。这类似于已经有人在从事的工作——人工智能图片标注。

四是ChatGPT标注者。

ChatGPT需要大量的训练数据来提高模型的性能和准确率。在ChatGPT面世之前已经有大量人员从事这项工作，所有准备构建大模型的公司都离不开数据（包括数字、文字、音视频、图片等）

标注者。

ChatGPT 标注者的主要工作内容有：一是提供训练数据，将单词、短语和句子，按照不同的使用方式标注出来，帮助 ChatGPT 理解输入与输出语句，以便更好地进行编程自然语言交互建模行为数据；二是建模行为数据，将人们在自然语言交互中的行为模式化，让 ChatGPT 更好地熟悉并适应各种对话场景，通过算法预测用户下一步可能的行为，提供更加个性化的服务；三是熟悉对话流程，与行为数据建模高度相关，梳理出问与答的回应可能性，预测提问者下一步提出什么问题，更加流畅地进行自然语言交互；四是建立语言规范，如何遵循正确的英语语法、选择正确的词语、时态以及语气等，使 ChatGPT 在自然语言交互中表现得更加准确和流畅。

与训练阶段不同，版本升级阶段，需要标注者具备语言学历、知识层级、履历经验等综合素质。

五是 ChatGPT 咨询者。

这主要是指为感受到 ChatGPT 压力的从业者

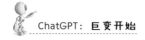

或已经被 ChatGPT 替代的工作者提供咨询、纾解压力、减轻心理负担，或探讨下一步如何行动。

这类咨询服务，既包含心理咨询，又包含技术咨询，需要极高的综合能力与说服技巧，单个工作人员很难完成这样的工作，需要预先制订方案，甚至进行演练，才有可能成长为商业咨询公司的重要业务。

同时，新入职员工也需要此类咨询服务。一方面，如何利用 ChatGPT 协助工作，提高效率；另一方面，如何弱化或积极应对被 ChatGPT 替代的可能性。

六是 ChatGPT 整合者。

目前，ChatGPT 输出内容的长度已经大为增加，但对于篇幅过长的内容输出，如一本小书的字数，仍有限制。甚至，如果重复问询类似问题，可能导致 ChatGPT 崩溃。那么，将几个相关的回答整合成长篇文章或一本书，就需要有专人去完成。举例来说，以 ChatGPT 生成的文本做脚本，去完成影视作品，不可能一次性出片，过程中需要修改脚本，以更好地符合制作要求。

七是 ChatGPT 创作者。

ChatGPT 作为内容生产工具或者辅助工具，无疑可提高工作效率。记者、作家包括传统媒体与新媒体，已经开始利用 ChatGPT 进行辅助写作。目前，由关键词生成内容，再进行修改，写作效率得以提高。再进一步，一系列关键词交由 ChatGPT 生成小说大纲、电影（视）脚本，就成为可能。影视公司等可能拿着脚本，让剧作家完成剧本。这里的脚本创作者就是 ChatGPT 创作者，其他类同。

八是 ChatGPT 训练师。

ChatGPT 的学习内容是由训练师确定的，其主要工作是为机器学习模型设计并实施训练计划。训练方法包括数据清洗、参数调优等。对于数据处理，首先要判断数据的可用性，再进行数据提取、筛选，组织出意义明确的结构，用于训练深度学习模型，并能解决模型训练中出现的问题。当然，掌握最新训练方法，提升模型训练的准确度和可靠性，也是重要的工作内容。因此，ChatGPT 训练师必须始终处在技术最前沿，不断学习，掌握算法调优、数据标注、人机交互、性能测试等专业能力。

ChatGPT 训练师的职责就是让 ChatGPT 能更理解对话者的意图、更顺畅地对话、更大程度优化问题、更准确地给出答案。

九是 ChatGPT 代码整理员。

不难理解，ChatGPT 代码整理员就是将 ChatGPT 生成的代码组合进行整理、纠错，消除 BUG。最终的代码文档，要结构完整、逻辑顺畅，不仅能跑得通，而且要跑得快。生成什么内容的代码，由甲方的软件说明书提出需求，代码整理员提出关键节点，再交由 ChatGPT 生成代码，最后由代码整理员完成最终的审核。因为 ChatGPT 并不能一次生成正确的代码，所以需要代码整理员检查、发现问题并再次提交给 ChatGPT 改正错误。这个过程有可能重复多次。

另一个层面，美国奈飞公司已经在利用 ChatGPT 进行动画制作。那么，就有可能将大纲交给 ChatGPT，生成特定内容或风格的影视作品，省略诸多生产环节。在制作效率大为提高的情形下，ChatGPT 创作者必定出现。

以上只是就与 ChatGPT 相关的内容创作而言的新工作，在 ChatGPT 应用推广之后，伴随着 ChatGPT 持续升级，各行各业都将会有新的职业出现。

在有人为之焦虑的时候，也有人已经做出了新产品。如 Glow APP，一款被称为恋爱版的 ChatGPT，据说估值已经超过 10 亿美元。此款产品聚焦 ChatGPT 的聊天功能，开发核心体验产品，智能机器人被聊天者塑造成理想的恋爱对象。具体说，就是用户可以根据自己的喜好，设置聊天机器

人的性格、长相、身高、体型，以及人物背景、价值观等。也可以根据自己的偏好，通过对话训练聊天机器人，调整其语气节奏、说话方式、方言土语，甚至口头禅等。妥妥的是一款真人与虚拟人的恋爱场景记录器、练习器。

另一个实例是，2023 年 4 月，“00 后”小伙子利用 ChatGPT，再现了奶奶的音容笑貌，并与奶奶（虚拟数字人）隔空聊天。旧情重温，人间烟火可亲，花白头发的“奶奶”操着湖北方言，没有牙齿的声音有些含糊不清，浅浅的微笑温暖如初，她像生前一样“唠叨”着家中琐事，要儿子别喝酒、要节约、别打牌；过春节准备两壶油。听孙子报喜升职加薪，平时注意锻炼身体，奶奶开心的笑声荡漾开来，余下绵绵的思念！

就目前来看，ChatGPT 不会取代任何职业，只会取代不掌握 ChatGPT 的工作者。究其根本，ChatGPT 只是工具。掌握工具与不掌握工具，谁被淘汰早已由历次科技进步给出了答案，只是人类积极于总结经验，却很难吸取教训。

STEP 4

ChatGPT 将改变哪些行业?

目前看来，ChatGPT 几乎会颠覆所有行业，因为它包罗了现存的几乎所有行业的相关知识。不仅如此，它还自主产生了可能不受人类控制的推理能力。

1. ChatGPT 改变行业的底层逻辑是什么？

改变行业最重要的两个要素是科技进步与创新应用。

ChatGPT 集两者于一身。只要人类愿意思考，基于 ChatGPT 的创新应用都可以找到用武之地。尤其是知识的学习。只要你提出来，这些知识都不再被“束之高阁”；只要你愿意，你完全可以摆脱讲堂、学府的束缚，随时随地学习，打造自己的知识殿堂；只要你愿意改变，ChatGPT 可以帮助你变得更好：只要你愿意努力，你就有机会打破行业壁垒，建构交互渠道，打造共赢生态；只要你愿意，你就可以选择一点切入行业链条，成为绕不开的关键点，取得经济效益。

从底层说，ChatGPT 的智能来自大模型训练。目前，ChatGPT 已经接受的数据量与人类的脑容量基本相当。但为什么人脑没有像 ChatGPT 这样成功？这是因为人脑的绝大部分没有得到开发。关键是，人脑的单个智能彼此孤立，不同于 ChatGPT 的个体即群体。仅就知识量而言，人作为个体与 ChatGPT 相比落于下风。人脑对知识的重新组合速度也远远落后于 ChatGPT。ChatGPT 的知识增长速度与反馈改善速度，用“日新月异”已不足以形容。

人之所以是地球上的高等动物，就在于自我意识，也正是自我意识使人类划定了无法突破的天花板。ChatGPT 打破了人类的画地为牢，动摇了行业基础的知识体系，改变由此发生。

ChatGPT 不论是在改变的速度上，还是改变的深度上，都是摧枯拉朽式的。笔者不愿意用颠覆式创新来表达，因为既有的行业仍然存在，在重做之后效率提高。头部互联网公司与高科技公司裁员

50% 以上，就是最鲜明的例子。

颠覆行业要考虑起作用因素的大小、主次，是不是充分且必要。所谓的隔行如隔山，就会夸大行业之间的特殊性。ChatGPT 打破了这个神话，改造的是各个行业的底层逻辑，并具备了打通它们的能力。在之前还可能有某个组织或个人不愿意变革，但现在 ChatGPT 直接推动了技术创新，它自己成为内因，诸如资源枯竭、自然灾害、需求变化，乃至政策因素等都变成了外因。

人们总结说，行业的颠覆者往往来自行业之外，如照相机被手机取代、手机被智能终端取代、现金交易被电子支付取代等。ChatGPT 作为外来者，也符合这一规律。

行业内的企业依然可以靠内部管理，防范同行业竞争对手，分析谁是行业外部的颠覆力量。但 ChatGPT 将成为主导力量，谁以最快速度开发了新的技术应用，谁就抢占了先机。

这也是类 ChatGPT 开发在国内形成一股热潮的原因。而应用开发正是中国人的强项。仅此一点，就不难明白，ChatGPT 为什么不向中国人开放。

2. ChatGPT 会改变哪些行业?

前面提到了一些会被改变的职业。同样，这些人所在的行业也会被改变。本节仅列出一部分，作为案例参考。

（1）教育行业。

清华大学教授钱颖一发表过一篇文章，题目是《人工智能将使中国教育优势荡然无存》。文章最初发表于 2017 年，最近因为 ChatGPT 的火热，又被多家媒体重新挖了出来，足见这篇文章的前瞻性。

文章指出:“中国教育的最大问题，就是我们对教育从认知到实践都存在一种系统性的偏差。这个偏差就是我们把教育等同于知识，并局限在知识上。教师传授知识是本职工作，学生学习知识是分内之事，高考也是考知识，所以知识就几乎成了教育的全部内容。”

文章强调:“教育必须超越知识。这是我对创新人才教育的一个核心想法，也是我们提出教育改革的出发点。”文章还引用了爱因斯坦那句著名的话：“大学教育的价值不在于记住很多事实，而是训练大脑会思考。”并说，“在今天，很多的知识可以上网查到。在未来，可能有更多的知识机器会帮你查到。所以，爱因斯坦的这句话在当前和未来更值得我们深思。”

作者6年前的话放在当下也不过时，ChatGPT将学习知识的方式推进了一大步——不再是通过搜索引擎，而是通过对话——轻松自然的聊天方式，将你想知道的一切和盘托出。

作者所说的人工智能可以替代甚至超越那些通过死记硬背、大量做题而掌握知识的人脑，已经成为现实。如果中国的教育方式仍然靠死记硬背、大量做题，其优势势必荡然无存。因为与ChatGPT刷题相比，不论是从数量、质量，还是速度上，人类都会一败涂地。

当时，作者就提出了三条建议：第一，教育应该创造更加宽松的、有利于学生个性发展的空间和时间；第二，在教育中要更好地保护学生的好奇心、激发学生的想象力；第三，在教育中要引导学生在价值取向上有更高的追求，避免短期功利主义。

这三条建议虽不新奇，但却切中时弊。刷题的学生与机器人无异。刷题的后果是泯灭了学生的好奇心与想象力，扼杀了学生的求知欲。如今，ChatGPT 为改变这种有百害而无一利的学习方式，已经做出了示范。给教育行业创新教学方法，为锻炼学生们思考问题、解决问题的能力，画了不止一份的草稿，提供了多条创新的思路。刷题只能让学生记住知识和题型套路，却难以理解科学的原理，更学不到思考问题的方法。

从学习中感受不到快乐，也就失去了学习的动力。ChatGPT 为教育行业向个性自由和创新创造的教育、向智慧启迪和自我觉醒的教育、向演进迭代和掌控智能的教育、向回归价值与意义复现的教育、向传统与智能融合促进的教育转变，提供了无与伦比的契机。

ChatGPT 在改变教育内容、教学形式、教学管理、教辅教具的同时，还会改变知识图谱的逻辑

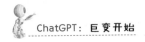

路线与创造框架，对教学理念、教学过程与教学评价产生深远的影响，有助于将知识灌输变为启发、探究与体悟，将教师主导变为学思交互，将课堂讨论变为跨时空辩论等。教育的价值回归、意义重写，学生的天赋尽显、能量激发。

教育行业的边界得以拓展，内容得以丰富，完善的品质与素养教育、灵活的智慧教育、心灵觉醒教育、突破创新教育、融合科技教育与心理体验教育等蓬勃发展，死板的书本教育将逐渐淡出。

（2）影视行业。

前面已提到原画师被裁员的情况，而原画师的画作是制作动画视频、游戏的基础材料，类似电影电视剧中的演员。他们被裁说明这个行业的基础已经发生了改变。

编剧正在被 ChatGPT 改变。2023 年 3 月 22 日，美国编剧工会拟定允许以 ChatGPT 为代表的人工智能软件运用于剧本创作过程中，前提是不影响编剧署名与分成。编剧可以像使用铅笔、钢笔、计算器等工具一样，使用 ChatGPT 辅助进行剧本创作与修改。

国内对是否使用 ChatGPT，则存在激烈争论。2023 年 2 月 11 日，华策影视对外表示，已开通 ChatGPT 使用权限，并鼓励员工使用。

3 月 19 日，光线传媒董事长王长田表示，ChatGPT 等 AI 技术与内容创作的结合即将进入实质阶段，并将为影视行业带来重大变化。同期，光线传媒还发布了一张由 AI 制作的电影海报，说明其正在积极迎接 ChatGPT 带来的挑战。

争议的焦点仍集中在 ChatGPT 为影视行业带来更多便利性与更高效率的同时，会使部分从业者失去工作岗位。

如果将编剧、项目投资、选景选角、现场拍摄、后期制作、产品选发等作为完整的产业链条，ChatGPT 可以取代每一个环节中的部分工作内容。

短时期内，编剧不会被 ChatGPT 替代，但从长远来看，编剧与导演可能不再是两种职业，而是合二为一（非指一人兼职二任的情况）。编剧的工作方式会因 ChatGPT 而改变。编剧与 ChatGPT

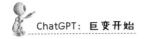

一起工作，更紧密的合作是常态。故事架构与创意方向会根据编剧的工作习惯决定 ChatGPT 参与的深度。所谓灵感，很可能也是从与 ChatGPT 的对话中产生的。也有可能编剧在 ChatGPT 的深度参与帮助下，独自完成一部影视作品。

导演作为影视架构、整体节奏与个人创意的最终决定者，尚无法被代替，但 ChatGPT 可以为导演源源不断地提供素材场景，并帮助其完成分镜头脚本、场景设计、故事推进、音效设计等工作。之前只有在拍摄现场才能看到的场景，导演如果有兴趣，可以由 ChatGPT 先行呈现部分或全部。当然，导演的独特创意与情感表达、意义呈现，以及“隐喻”“符号”“象征”“意识流”映射的抽象概念与历史挖掘，或蒙太奇镜头、剪辑技巧、影像风格等专业表达，仍然是其私属领地。

演员，目前来看是最难取代的了。其声台形表与角色的融合，是 ChatGPT 难以完成的。好演员贴合角色的形象创意、情感输出和恰如其分的表演，也是 ChatGPT 无法替代的。以动作片为例，

ChatGPT 可以提取演员的细致动作，但无法精准还原演员的表演。另外，明星演员、偶像演员本身的魅力与角色魅力，赋予类型角色的特定形象意义，很难与演员本人脱离。

当然，ChatGPT 对于演员的改变主要在于，可能要脱离现场表演，更多采取虚拟舞台表演的形式，甚至没有对手戏，完全是由导演设定想象场景的表演，后期根据需要和情节要求合成场景。这对演员的表演功力提出了更高的要求。

制片人关于影视制作前前后后的繁杂事务，如财务、法务、制片统筹、剧组预算、日程安排等，会被 ChatGPT 梳理得一清二楚，大大减轻了事务性工作，把更多精力用在沟通交流、商务洽谈、创意把关、团队管理，以及 ChatGPT 难以把握的人际关系上，发挥好“大管家”的作用。

其他技术性与专业性更强的工作，如美术、灯光、摄影、录音、剪辑等。如果是场景拍摄，就不容易被取代。如果是非场景录制，主要靠后期制作，就可能被部分或全部取代。这些技术工种

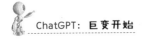

的岗位划分或工作边界不再像现在这么清晰，当然，他们的审美判断力，仍是人类的核心能力，是ChatGPT不具备的，因此也就不会被取代。

总体来说，ChatGPT将降低影视产业的门槛，小团队甚至个人会成为影视作品的创作者，拍摄效率得到大幅提升，产品数量爆发式增长。同时，文艺片与商业片的区分愈加明显，观众花高价欣赏文艺片与花低价甚至免费观赏商业片，或将成为日常生活的常态。

影院电影与其他终端电影会区分开来。影院将会出现功能性改变，沉浸式、体验式影院会出现，虚拟现实成为主流，但不是靠头显设备来完成。即使没有设备，也不会妨碍观众的参与。

值得注意的一个趋势是，由ChatGPT推动的科幻电影在电影市场的分量会加重，并成为重要的一极。

（3）医疗行业。

实际上，在Open AI成立之前，医疗行业就在进行AI技术应用的尝试，如监护仪与超声诊断的辅助诊断，飞利浦、西门子等国际领先的医疗设备公司都开发了医学影像 AI 设备。

与自动驾驶相比，AI 在医疗行业的实践进展缓慢。自动驾驶已经达到 L4 高级自动驾驶的水平，但 AI 医疗仍处在 L1（辅助医疗）到 L2（少部分自动诊断）的途中探索。

造成这种困境的并非技术原因，而是伦理问题。人们可以接受由 ChatGPT 独自完成皮肤损伤或耳部感染等的诊断，但不能容忍没有人类医生的临床监督而自行其是。因此，ChatGPT 就很难完成在规定情境下的医务工作（类似于自动驾驶的 L3 水平）。

伦理问题，不仅限制了 ChatGPT 医疗的发展高度，而且也限制了 ChatGPT 医疗的发展速度。因为医疗数据有可能成为 ChatGPT 的永远痛点，没有数据支撑的 ChatGPT 就失去了发展的基石。

医疗数据的所有权理应属于患者，被列为个人隐私，这就为 ChatGPT 获得相关数据设置了障碍。但实际情况是，医疗大数据基本被院方控制。为打破瓶颈，有人将医疗数据的“三权”分属，即所有权属于患者个人、控制权属于医院、管理权属于政府机构。所谓第三方机构的ChatGPT开发者，可以借助政府的支持、医院的配合与个人的权力让渡（如隐去姓名等），对医疗大数据进行商业化开发和利用。

尽管存在障碍，但出于造福大众的目的，ChatGPT所需的医疗数据，仍由一些企业和医院通过签署研发协议的方式许可使用。在实际操作中，专门的模块也会对数据进行清洗，只保留分析病因与治疗方案所必需的数据。从数据收集到大模型建立的全过程，遵从协议对数据进行完全的物理隔离，通常的做法是数据不出院、模型可出院。目前，国内的各个大数据交易所，已将“医疗卫生”数据纳入交易品类，但上架交易的数量极为有限。

鉴于医疗行业的特殊性，除了在远程医疗上的明显进展，不论是创新药械，还是智能手机、互联网，都没能改变人们去医院找医生看病这个最基本的求医方式。购物可以不去商场、旅游可以不选择旅行社、吃饭可以不去饭店，但看病仍然不得不去医院。尽管医生与你面对面交流的时间不长，即使你预约挂号，仍然要到医院才能完成取号、诊断、治疗、缴费（方式上有变化，缴费窗口没有变化）、取药等全部流程。

对于医疗行业来说，人们都意识到了 ChatGPT 的革命性意义，但很难相信 ChatGPT 能够取代医生，成为医疗行业的主导者。尤其是中医医生，因为中医的“望闻问切”以及经方验方中的适量都是无法数据化的。

实际上，“疑难杂症”尤其罕见病例才是 ChatGPT 的用武之地。例如，一个刚出生 8 天的婴儿被诊断为癫痫持续发作，但并没有发生任何感染，CT 扫描显示大脑正常，脑电图仅显示癫痫持续发作的信号特征，无从判断病因。医生用药后，也未见症状缓解，患者面临脑损伤或脑死亡威胁。好在医生将患者的血样进行了快速全基因组测序，显示他有近 500 万个基因组与常见基因组位置不同。AI 迅速筛选出大约 500 万种遗传变异体，并确定了 70 万种罕见变异体，其中包含有 962 种已知的致病变异体。结合患者致病特征数据，便

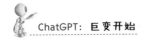

可寻找出一种被称为 ALDH7A1 的基因。这种基因内的变异极为罕见，它导致的代谢异常会引发癫痫发作，发病率远低于万分之一。这中间正是 ChatGPT 发挥了关键作用。

这正好说明了 ChatGPT 在医疗上有很多应用潜力待挖掘，例如结构化数据、数据筛选、精确总结病史、病历收集（与患者互动是其特长）研究结果分析、医疗文献检索、替代与护理人员的一部分对话、链接生成图像模型等。目前，ChatGPT 已经可以处理大量医疗文本数据，如医学论文、临床案例、药物研究等，从而帮助专业医生和研究人员更快获取信息。同时，ChatGPT 也可以为患者提供有用的信息和建议，如关于医疗健康、症状缓解就诊建议等。此外，ChatGPT 还可以通过智能语音交互等方式，为患者提供更加人性化和便捷的医疗服务。

ChatGPT 还可以提供虚拟实验室、模拟手术等工具。

在治疗上，ChatGPT 可以通过智能问答的方式，协助医生更精准地解决疑难病例或病人的特殊需求，并提高医疗工作效率和诊疗质量。

在临床上，ChatGPT 可以作为一种辅助工具，为医生提供快速、准确、多样化的支持。如诊断辅助、治疗方案选择、术前风险评估等。同时，ChatGPT 还可以结合虚拟现实技术，为医生提供沉浸式的培训和操作体验，提高其技术水平和专业素养。

另外，ChatGPT 还可以作为信息平台，向患者提供健康知识、诊疗指南、预防措施等信息。患者可通过 ChatGPT 获取更全面、更专业的健康信息，同时也可以通过 ChatGPT 与医生进行沟通和交流，取得更加便捷和高效的医疗服务。

对于 ChatGPT 未来会否代替医生，ChatGPT 的回答比较直接：不太可能，但可以与医生协同工作，提高医疗水平。在医疗领域，人工智能可以帮助医生更快、更准确地诊断疾病，但它不能代替医生的临床经验和人际交往能力。

未来，由 ChatGPT 推动的计算医学会得到快速发展。具体来说，就是数学和计算生物科学广泛应用于临床实践，实现疾病预测、改进诊断和治疗计划设计、生成疗效评估、参与新药研发等。

未来，ChatGPT 的数据与算法能力能帮助医生建构患者数字孪生体，不仅会大大减少临床研究所需的病例数，而且还可以精准预测患者的病情发展，真正做到个性化医疗服务。

（4）软件行业。

ChatGPT 能写代码，这已是人尽皆知的事，但程序员大规模失业的情况并没有出现。这在很大程度上，可以归结为程序员团体的学习能力超出一般的职业群体。这也从一个方面证明了掌握 ChatGPT 的人，相比于不掌握或不愿意掌握者，被淘汰的概率会降低。

GPT4.0 作为 GPT3.5 升级版，进一步提高了图像识别功能和高级推理技能，单词处理能力是 GPT3.5 的 8 倍（达到 25000 个），程序员可以调用所有流行的编程语言编写代码。在 Copilot X（微软旗下代码托管平台 GitHub 开发的编程辅助工具）中，用户只需"动动嘴"，机器人就能写出代码，并帮助用户解释代码片段，直接完成排错工作。

由于 GPT4.0 大模型的出现，软件编程正处于从人类工作转变为机器人工作的转折点，程序员的职业能力受 ChatGPT 推动而必须大幅提升，软件行业进入智能开发时代，数字经济的特征出现新变化，不再将硬件制造放在第一位，而将软件行业放在第一位。美国领先的核心之一就在于软件行业的强大，ChatGPT 再一次凸显了这一特征。还有很多人至今对于软件是不是制造业认识不清，ChatGPT 就为他们上了一课。

ChatGPT 使用自然语言，让开发者需要完成的任务被机器所理解，从而帮助软件工程师自动生成界面设计（UI）、代码、测试脚本等。

但是，复杂的企业级应用开发，一直是软件行业的难点。ChatGPT 出现之前是如此，ChatGPT 出现之后仍然如此，改变不大。

一是 ChatGPT 所利用的大数据都是能搜集到的公开数据，而企业实践知识（know-how）数据作为知识产权的底层部分是不公开的。即使软件工程师具备良好的编程能力，仍然需要对行业和业

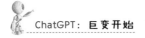

务场景深入理解，才能构建业务和代码之间的有效连接。这部分实践知识（专业知识）若不与企业达成开发协议是拿不到的，也是不到作业现场、不熟悉具体工艺流程与工作实际无法理解的。当然，数据收集、数据打通之后，ChatGPT 仍然可以发挥处理数据的优势。

二是 ChatGPT 编程依赖于提示词，那么，不同的开发人员，编写的代码质量就会有很大不同。一定程度上，可以说提示词的质量决定了编码的质量。对此，百度 CEO 李彦宏的说法更有切身体会："大模型本身的能力放在那儿，谁能把它用好完全靠提示词来决定。提示词写得越好，智能涌现的能力就越多，反馈的结果就更有价值。提示词不好，出来的东西就是一本正经胡说八道。"

三是 ChatGPT 的开放性与企业级软件应用的安全性之间存在冲突。2023 年 3 月下旬，据韩媒报道，三星在引入 ChatGPT 的 20 天内，发生了 3 起机密数据泄漏事件，其中涉及三星半导体设备测量资料、产品良率等机密数据。

ChatGPT 的这些不足，是新生事物的不足，它展现出来的能力和它的成长性“涌现力”，以及它在需求分析、软件设计与体系结构、代码生成、测试脚本、修改 bug、知识共享上都有明显优势，会让软件产业发生改变。

它将重新定义开发人员构建、维护和改进软件应用程序的方式，用 ChatGPT 自然语言的交流方式，使软件开发更智能、更高效，协作也更顺畅。研发团队的主要任务不再是写代码、执行测试，而是训练模型、参数调优、围绕提示词进行软件开发工作。软件行业的数字化、AIGC、持续交付能力、人机交互、数据为本等特征将更加明显。

更深层次上，软件行业的顶层设计，应明确其超越硬件制造业，定义其第一制造业的地位。现在，没有人认为台积电、富士康以及亚马逊的云计算不是制造业，但对于“软件决定了硬件的发展方向”这一观点并不认同，不过情况的改变已经很清晰了，硬件是根据软件需求而发展的。

软件行业理应成为数字经济的引领产业。从这

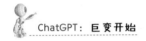

个角度理解，中央强调数据要素的价值、网络产业要发挥引领作用，就豁然开朗了。

（5）其他行业。

ChatGPT 对其他行业的改变，在此不予详述，仅做概要式的介绍。

——旅游行业。ChatGPT 可以充当旅行顾问，根据个人喜好与预算提供酒店预订、行程规划以及风土人情与历史知识。但无法替代人类旅行顾问的个性化建议和旅行体验分享，以及及时提供旅行中的后勤保障和突发状况的协调工作。

——法律行业。ChatGPT 可以提供法律咨询服务、整理法律文书、梳理已有案例、提出审判建议。在人类法官的邀请下，甚至可以将 ChatGPT 对某一案件的相关回答纳入法庭裁决。但对具体案件的理解与整体把握，以及对当事人的真实诉求判断等，包括同当事人的沟通，ChatGPT 仍难以胜任。

——房地产行业。ChatGPT 可以提供房地产政策信息；帮助房地产企业分析产业现状，预测产业发展未来，并提出具体的投资建议；可以帮助房地产经纪人，全面了房地产行情、完成房源摘要，通过生成式内容（文字、图像、视频）为潜在买家和租户提供身临其境的体验；降低物业公司管理成本；为潜在购房者提供买房建议等。

——营销行业。ChatGPT 可以帮助完善营销方案；为宣传视频生成脚本。它虽然短时间内不会取代搜索引擎，但将重塑广告主、用户与平台之间的关系。在客户参与度、生成式内容、数据驱动决策、实时个性化和内容扩展性等多个维度影响营销行业。

——传统媒体行业。ChatGPT 在文稿写作方面，参与的深度与媒体、写作者的意愿高度相关。很难检测出整篇文章是否由 ChatGPT 完成。即使在 ChatGPT 出现之前，AI 撰写的文章已经大规模出现，尤其是在赛事简讯与报道上。

美国算法新闻领域的领先公司叙事科学（Narrative Science）创始人哈蒙德甚至预测，到 2030 年，90% 以上的新闻报道将由机器人完成。

——新媒体行业。ChatGPT 将助力新媒体人打造更加鲜明、独具特色的“人设”与“文风”。

新媒体的大量工作将由 ChatGPT 完成。“文心一言”等一众类 ChatGPT 已开始市场竞争，它带来的新媒体行业变化可能是颠覆式的。

——科技行业。这是 ChatGPT 展现“涌现力”的平台。新科技会让人目不暇接，新材料也会不断出现，改变人类与 AI 的材料也许会出现其中。另一个方向也可能是，ChatGPT 发现现有元素与材料的新功能。

——建筑行业。ChatGPT 已经能协助进行建筑项目管理。为建筑行业全产业链提供智能化解决方案，如建筑设计、施工管理和维护保养等；提升智慧建筑运营及建筑物维护、安全管理水平。总体上看，ChatGPT 将加速建筑行业的数字化、智能化。

短期内，以 ChatGPT 为代表的 AI 不会对人类社会结构产生实质性改变，即不会改变整个社会的结构。各种嘈杂的声音最终都会回归平稳。即使发生剧烈改变，仍会稳妥落地。就如马车夫会失业、出租车司机会失业，但交通行业仍然会向更好的未来前进！

STEP 5

ChatGPT：
教育的死亡谷？新机会？

在美国明尼苏达大学法学院和宾夕法尼亚大学沃顿商学院，教授分别让 ChatGPT“应考”不同课程题目。ChatGPT 在法学院四个学科的考试中获得 C+，而在商学院的 MBA 学科考试中获得 B 至 B- 的成绩。

另外，ChatGPT 在一项实验中已经“接近”通过美国执业医师资格考试（USMLE）的水平。这类专业考试一般需要四年的医学院学习和两年以上的临床经验才可能通过。

就 ChatGPT 所取得的成绩而言，虽然不算突出，但相对于名校排名靠前的专业而言，已经表现出了不错的水准。

没有读过一天大学课程的聊天机器人，居然通过了这么专业的考试。也许这就是美国一些大学及世界一流科技期刊禁用 ChatGPT 的原因。随后，世界上其他大洲的大学也发出类似的声音。

1. 一些教育与学术机构为什么禁用ChatGPT?

禁用 ChatGPT 的风潮起于其发源地美国，这可以说是十分耐人寻味了。

2023 年 1 月初，美国纽约市教育局宣布，禁止学生在学校的设备和网络上使用 ChatGPT，理由是预防学生出现作弊行为。

一位发言人解释说，纽约市教育部门之所以这么做，是担忧“ChatGPT 会对学生的学习产生负面影响”，同时担心“内容的安全性和准确性”。很快，纽约的“示范作用”在美国的其他高校引发连锁反应。截至 1 月 31 日，ChatGPT 已经在纽约市和洛杉矶市的部分公立学校被禁用。

据《纽约时报》报道，包括乔治·华盛顿大学在内的多所高校，教授们正在逐步淘汰可以带回家的开放式作业，理由如出一辙，因为这种作业更容易由 ChatGPT 来完成。由此，教授们布置的课堂作业量在增加，手写论文、小组作业和口试等考查方式，重新回到课堂。

与美国完全禁用不同，加拿大的态度要温和得多。多所加拿大大学，如多伦多大学、麦吉尔大学、曼尼托巴大学、阿尔伯塔大学和不列颠哥伦比亚大学（UBC）等，正在制定有关学生使用ChatGPT的指导，学校不会直接禁止使用ChatGPT，而是强调学术诚信的重要性。再一次明确并强调，提交他人或某物撰写的作品并声称是自己的作品的行为属于作弊。卑诗大学温哥华分校代理副教务长西蒙·贝茨的声明很能说明问题，“人工智能工具既有潜在的好处，也有真正的挑战；它有可能帮助学习，但也可能让学生找AI代做作业。”

在欧洲，率先行动的是巴黎政治学院。1月27日，巴黎政治学院教务长谢尔盖·古里埃夫在发给所有学生和教职员工的电子邮件中明确表示，禁止使用ChatGPT和所有其他基于人工智能的工具。如果没有透明化的公开参考来源，学生不得在课程负责人的监督下使用相关软件制作任何书面作品或者演示文稿，特定课程目的除外。一旦被发现违规，学生可能被学校开除，甚至被法国高等教育体系开除。

此后，英国、德国等国家的多所高校也出台了 ChatGPT 禁用政策。如德国图宾根大学在一封内部邮件中宣布，由于 ChatGPT 的使用难以控制，决定严格限制使用，即由 ChatGPT 生成的文本不得用于学习和考试。

同属西方文化体系的澳大利亚也采取了大致相同的做法，如新南威尔士州、昆士兰州、西澳洲和塔斯马尼亚州等均宣布在校内禁用 ChatGPT。具体做法上略有不同，西澳州教育部总干事丽莎·罗杰斯证实，该州会采用校园防火墙封锁 ChatGPT。

在亚洲，香港大学率先发出禁用通知。副校长何立仁教授给全校师生发送的内部邮件明确，香港大学要实行临时举措，禁止在香港大学的所有课堂、课业和评估工作中使用 ChatGPT 或任何其他人工智能工具，涉嫌违反这一临时措施的行为将会被视为潜在的剽窃情况，并予以处理。除非得到课程导师的书面许可，学生不能为自己或其他学生提供许可、豁免。香港大学将剽窃定义为：将他人作品（包括但不限于任何材料、创作、想法和数据）当作自己的作品来使用，而没有在论文中进行引用并给予对原作者的致谢，无论这些作品是否已经发表，也无论是否有欺骗的意图。未经许可使用ChatGPT和其他人工智能工具，也符合剽窃的定义。教师如果怀疑学生使用了ChatGPT或其他人工智能工具，可以要求学生前来讨论他们的作业，通过设置额外补充的口试、指定场地考试或其他措施评估学生的学业表现。

至于是否采取长期禁用政策，香港大学计划发起一场由师生共同参与的校园辩论。包括香港大学在内的8所香港本地大学均表示会讨论相关政策措施。但南美洲、非洲与南极洲，对于这么先进的工具，暂时还没有作出考虑。

同时，多个顶级期刊也发表声明禁用ChatGPT。*JAMA*期刊的声明说，人工智能、语言模型、机器学习等类似技术不具备作者资格，不允许提交和发表由这些技术所生成的论文内容及图片。除非AI

工具本身就是研究方案的一部分。即使如此，作者也必须在文章中作出特别说明。

《自然》发文认为，大型语言模型工具正威胁着真实的科学，明确禁止任何大型语言模型工具（如 ChatGPT）成为论文作者，还建议使用这些工具的研究人员在稿件中应特别说明使用了 AI。

学术出版界担心，ChatGPT 生成的内容没有准确或完整的参考资料，可能存在虚假或捏造，不能作为可信信息的来源，因为学术研究的可信度至关重要。

《科学》明确表示不接受使用 ChatGPT 生成的论文，也不允许 ChatGPT 作为论文作者。ChatGPT 生成的论文被等同于剽窃。科学记录是人类努力解决科学问题的过程之一。不管机器扮演的角色多么重要，都是人类提出假设、设计实验和解释结果的工具。最终成果必须由智慧的人脑来完成，并由人的思想展示和表达。

集语言学家、哲学家、认识科学家、历史学家、社会批判家和政治活动家于一身，并被誉为“现代

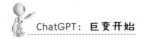

语言学之父”的诺姆·乔姆斯基，将使用ChatGPT生成的论文视为“基本上是高科技剽窃”。

然而，将ChatGPT彻底从教育领域清除并不是所有高等教育者的共识。

英国剑桥大学分管教育的副校长巴斯卡尔·维拉教授在接受剑桥大学校报采访时表示，人工智能是一种供人们使用的工具，大学禁用像ChatGPT这样的人工智能软件并不明智。他说，大学应该对学习、教学和考试过程进行相应的调整，以确保学生在使用该工具的同时保持学术诚信。

法国教育家卡西利更为乐观，他认为ChatGPT是一次重要创新，“就像之前的计算器一样”。当年的计算器也曾经被禁止，如今早已成为普及的工具。他力主发挥ChatGPT的积极作用，“ChatGPT可以帮助那些因无从落笔而压力巨大的人写出第一稿，但之后他们要继续修改内容，并注入自己的风格”。

法国南特大学研究员埃茨沙伊德认为，一味禁用ChatGPT只会让学生更想去尝试，教师可以尝试引导，以探讨 AI 工具的极限。实际上，可以利用 ChatGPT 的强大能力，培养学生对信息的分辨、思考和查证能力。既没有必要一刀切地盲目禁用，也没有必要一味地推崇，应当思考的是如何发挥好 ChatGPT 的积极作用，减少其副作用。使用 ChatGPT 确实更容易作弊，但使用工具作弊并不是始于 ChatGPT，这不是完全封杀它的必要理由。它客观提升效率的优势不可忽视，主观上的作弊并不是由 ChatGPT 这一客体所引发，就如有人用刀去杀人，所以不准厨师用刀一样。积极的态度是，将 ChatGPT 视为“机会而不是威胁”。

禁止的结果只能是，师生一起失去学习这项技术的机会。

对此，Open AI 的反应是积极的，也是快速的。1 月 31 日，Open AI 发布了一种新工具，可以帮助教师检测学生提交的作业是不是由 ChatGPT 完成的。但就教育的目的来说，这样的措施仍是治标不治本的。

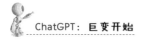

2. 如何应对 ChatGPT 对教育的挑战?

ChatGPT 等人工智能写作工具的出现，向培养和评估学生理解力和批判性思维能力的教育工作者提出了挑战。

美国的《大西洋月刊》持续关注了这一问题。该刊发表的《大学论文的死亡》一文指出，“没有人为人工智能将如何改变学术界做好准备。”将学术界替换为教育界，同样适用。高校禁用 ChatGPT 所显示的是一种恐慌情绪，和一种不知何去何从的无力感。对于应对 ChatGPT 的挑战无任何帮助。

一位名叫丹尼尔·赫尔曼的高中英语老师在《大西洋月刊》上宣称，聊天机器人意味着“高中英语的终结”。因为 ChatGPT“阅读”过的作品，比大多数高中教师甚至大学教授一生阅读的作品还要多，就目前它可以提供的答案来说，比普通教师或教授回答的大部分都要好。

这种挑战前所未有。

但有人对此提出了不同看法，认为 ChatGPT 无法终结任何有价值的东西，“如果算法能成为高中英语的终结，也许，这是一件好事”“因为这些课程应该‘死去’”。人工智能的发展趋势，以及它在世界范围内的普及程度，促使教师们必须思考，未来的高中英语应该是什么样子。

一位教授了 39 年英语的教师则提供了另一个角度的思考。他认为，ChatGPT 不是高中英语的终结，这是它为教师提供的有用工具。面对新的挑战，一些教师可能需要做一些自我反省。ChatGPT 并不标志着高中英语课的结束，但它标志着一种教育方式的终结，即学生和教师以公式化、平庸的写作成绩为目标的教学方式的结束。

如果说，终结本就应该到来，ChatGPT 只不过加速了这一进程，这又何尝不是一个好消息？

此时，有人提问，ChatGPT 是教育界的朋友还是敌人？ChatGPT 的回答无疑是前者。ChatGPT 回答是否会取代软件工程师时，给出的答案是：“ChatGPT 不会取代软件工程师，

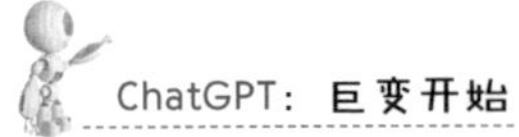

ChatGPT 是一种可以协助完成某些任务的工具，但它并不能完全取代人类软件工程师的创造力、解决问题能力和批判性思维能力。此外，ChatGPT 是需要人类的指导才能正常运行的。”

ChatGPT 已经给出了答案，但所有教育工作者对这一问题，仍然无法回避。

如果以正确的方式使用，ChatGPT 可以成为老师与学生的共同朋友，它会是一个了不起的工具，而不是令人生畏的“敌人”。相反，如果教育界继续“看重分数而不是更新知识”，ChatGPT 就只能当作威胁教师生存、引诱学生作弊的“敌人”。

对此，ChatGPT 的回答是：“旧的教育模式，

即教师提供信息以供日后浓缩和重复，不会让学生们在课堂上取得成功，也不会为其未来走上工作岗位做好充足的准备”“这样的教育模式最好安详地‘死去’，而不是将罪过推给 ChatGPT”。

学生是否作弊的板子，也不应该打在 ChatGPT 头上，开放式教学不应收缩，反而应扩大。如果说，ChatGPT 不利于培养批判性思维和解决问题的能力，那陈腐的教育方式同样不能。

技术革命的历史是推动教育进步的历史，而不是相反。承担教书育人职责的老师，不能从历史中吸取教训，反而一再重复前人甚至今人的错误，不能不说是一种悲哀。1876 年，电话甫一发明，所引起的惊奇和恐惧不下于今日，也有摔掉听筒的人。强大的批评声浪责问，频繁的通话以及懒惰的交流方式，不仅会挤占面对面交流的时间，而且会失去温馨的沟通环境。

如今怀念古老生存方式者，会在某一处形成孤立的圈子，也有人愿意偶尔尝试，但真正愿意如此生活的人已少之又少。

当电视进入我们的家庭时，有专家根据使用电脑、看电视、玩电子游戏的时间定义了一个屏幕时间。屏幕时间减少了与家人的交流时间，引发了社交恐惧症与肥胖症。因此，就有人研究了如何减少屏幕时间的办法，如只看自己喜爱的节目，并限制时长；边健身边看电视（电影）或看电视时骑单车、踏步走等；邀三五好友去公园散步聊天。

屏幕时间后来又延伸到所有屏幕播放的数字内容与“社交聊天”，ChatGPT 当然也不例外。实际效果如何，身边的例子比比皆是，不用赘言。

因此，如何应对 ChatGPT，笔者认为不能简单粗暴地一禁了之，而应跟上人工智能的发展速度，与时俱进。

教师是防止学生作弊的第一责任人，有责任也有能力通过创造性的教学设计、课程计划、学习活动和考核评价帮助学生发展思维，真正从知识性教学向思维性教学转变，如批判性思维、创造性思维、甄别性思维等。学校则需要制定基础制度与技术来规范 ChatGPT 的使用，帮助学生建立起正确的是非观与清晰的智能伦理观，应用工具而不是被工具奴役，从根本上杜绝作弊和抄袭。

理论上，一是改变目前的评价体系。将教育的首要目标确定为培养能独立思考和有正确价值判断能力的个体，而不是注重获取特定的知识。

二是改变目前的教育方式。将 ChatGPT 等人工智能工具变为改进教育教学方式的工具，根据新技术的特点，丰富教学内容、拓展教学方式。人类的进步速度始终由工具的进步速度所决定，而不是相反，因恐惧而拒绝淘汰，只能被技术潮流所抛弃。

三是改变教学目的。ChatGPT 为教学提供了超越知识学习的机会，也就是大量的知识因为 ChatGPT 变成了宝藏，随时可以取用，教与学都有更充足的时间，从而专注于学习质量。ChatGPT 的知识容量可减轻教与学的负担，相应地学生的头脑容量大为增加，可以专注于思维深度，也可以锻造共同思考与活动的同学关系，增加个性多样化发展与头脑多样化发展的机会，激发钻研精神并增强

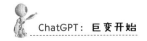

面对挫折的韧性。再也不会出现厌恶学习，高考结束扔掉课本发泄的怪相。

3. 今天，如何做教师?

如何应对 ChatGPT 对教育的挑战？这是一个宏观的问题。作为教师怎么去应对 ChatGPT 对教育的挑战，就转到更微观的层面。自从有了教师这个职业以来，如何做教师一直是热点论题，在每一个时代都备受关注。但从没有像今天这样，人们热心质疑教师作为一种职业还有没有存在下去的必要。

那么，什么样的教师会被取代呢？

如今 ChatGPT 已经进步到，可以用拟人的方式“照本宣科”。以数学为例，它已经掌握了分步解题方法，在对话中，可以轻松地把数学问题拆解开来，展示给学生。结果是，一个只能在黑板上写出解题步骤，并展示正确答案的教师、迟早会被 ChatGPT 所取代。

ChatGPT 的能力，包括教学能力，正随着训练文本量的增加和技术的不断进步，日益强大。人类的个体穷其一生也不可能掌握已经产生的全部知识成果，但 ChatGPT 可以。但这并不是说，有了 ChatGPT 就万事大吉了。对于已知问题的解答，是 ChatGPT 的优势，但对于没有训练的内容或新问题，它往往表现出无能为力的一面。有经验的教师，不仅可以留意学生的一举一动，而且可以洞察学生对所讲述的内容是不是感兴趣，以便及时做出调整。这些教学经验很难被 ChatGPT 掌握，甚至也难以构建学习模型，纳入机器算法。虽然 ChatGPT 需要人类智慧的帮助，但应对 ChatGPT 仍是一道严肃的课题。

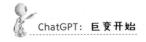

未来的教师不能仅仅是灌输知识，必须具备知识以外的综合能力，传道授业解惑的重点应转变为引导学生主动提出问题、自主解决问题，以融会贯通、触类旁通为重心。彻底解决学生学习动力不足的问题，课堂上抓住学生的注意力，课外注意维持学生的好奇心和求知欲。利用 ChatGPT 展现的各种手段，如以榜样人物为主讲人进行课堂教学，学生也可以扮为不同角色回答问题，让学生体验学习如游戏般快乐。

具体来说，教师要正确地认识 ChatGPT 的辅助学习定位。可以利用 ChatGPT 设计课程、协助备课、课堂助教、作业测评等。

STEP 6

ChatGPT 会毁灭人类吗?

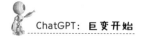

1. 呼吁暂停的联名信为什么发表在生命未来研究所网站上？

2023 年 4 月 1 日，生命未来研究所（Future of Life Institute）网站公开发布特斯拉首席执行官埃隆·马斯克、苹果联合创始人史蒂夫·沃兹尼亚克以及其他上千名 AI 研究员签署的联名公开信，呼吁暂停训练更先进的 AI 模型。

未来生命研究所由麦克斯·泰格马克（麻省理工学院宇宙学家）、让·塔林（Skype 联合创始人）、维多利亚·克拉科夫娜（谷歌姊妹公司 DeepMind 研究科学家）、美雅·赤塔－泰格马克（塔夫茨大学博士后学者，泰格马克之妻）以及安东尼·阿吉雷（加利福尼亚大学圣克鲁兹分校宇宙学家）于 2014 年 3 月初始创立。该研究所致力于引导变革性技术造福生命。马斯克在 2015 年向未来生命研究所无偿捐赠了 1000 万美元资助相关研究项目。

在该研究所关注的四大技术领域风险中，AI 居首位。这就是马斯克等人在该研究所网站发布联名公开信的原因。

关于为什么发布这封公开信，该信开宗明义：人工智能系统可能对社会和人类构成重大威胁，且可预测的威胁没有得到可靠控制。

该信呼吁，只有当我们确信强大的人工智能系统的影响将是积极的，其风险将是可控的时候，才应该开发它们；所有人工智能实验室应立即暂停至少 6 个月，去开发比 GPT4.0 更强大的 AI 系统。

暂停开发的这段时间，应实施共享安全协议。同时，加快开发强大的人工智能治理系统。

2. 马斯克同 Open AI 的纠葛与暂停呼吁有关吗?

本节只叙述事实，不对马斯克如何这么做进行推论与评价。

Open AI 作为非营利机构在 2015 年成立的时候，马斯克和雷德·霍夫曼（领英联合创始人）等曾共同投入了 10 亿美元。而在 2018 年年初，马斯克以 Open AI 的开发工作严重落后于谷歌为由，想要亲自掌控 Open AI，但阿尔特曼和其他创始人拒绝了马斯克的提议。于是，马斯克决定退出 Open AI，并不再执行原定的捐赠计划。这场冲突也导致马斯克和阿尔特曼之间的公开决裂。马斯克公开承认的原因是利益冲突，特斯拉自动驾驶项目也需要顶尖的 AI 人才。马斯克停止了资金支持，使得初创公司 Open AI 难以支撑试验多种 AI 模型的庞大费用。最终选定专注于谷歌开发的转换器模型，这种赌博式的选择当初也没有人能预测是不是会成功。

未解决资金问题，2019 年 3 月 11 日，Open AI 创建了一个新的盈利实体。但该公司设定了投资者获得回报的上限，多余的利润将归于非营利的母公司。阿尔特曼还宣布，他不会持有新营利公司的股权。正是这一操作，淘汰了一大批眼光不够长远的投资者。倒是微软看到了其未来的成长性，投资了 10 亿美元，并提供基础设施技术，从而使微软再一次赢得先机。

3. 马斯克真的担心 ChatGPT 毁灭人类吗?

2014 年，马斯克在一次采访中公开表示，未来对人类生存的最大威胁可能是 AI。“通过人工智能，人类正在召唤恶魔”，马斯克如此说。他建议加强对 AI 的监管监督，确保人类不去做蠢事。

2015 年年初，马斯克向未来生命研究所捐助了 700 万美元，用于 AI 伦理、治理与安全发明的研究。其中一些研究者在呼吁暂停训练更先进的 AI 模型的公开信上联合署名。

马斯克投资谷歌姊妹公司 DeepMind，似乎与他宣称的对 AI 的态度存在矛盾。他的解释是，并不是求得投资回报，只是想关注 AI 的最新进展，避免导向坏的结果。他所指的坏结果是 AI 的能力可能强大到人类无法控制。

同一年，马斯克为了不让AI技术集中于谷歌等大公司之手，与山姆·阿尔特曼合作创立了Open AI。可正是Open AI创造出的ChatGPT，引出马斯克发出呼吁停止的公开信，并与阿尔特曼隔空争论。

实际上，阿尔特曼同样关注着AI可能出现的负面影响。但考虑问题的角度不同："能够思考和学习的软件将完成越来越多的人现在所做的工作。更多的权利将从劳动力转移到资本。如果公共政策不做出相应调整，大多数人最终会过得比现在更糟。"

对于联名公开信，山姆·阿尔特曼表示赞同信中的部分主旨，但大部分说法大而不当，属于谁都可以表达的意见，缺乏具体的、可执行的技术细节，例如"究竟应该在何处按下暂停键"，而不是在何时。阿尔特曼同时明确，Open AI并没有训练GPT5.0的计划，因为GPT4.0已足够巨大。

马斯克在高调呼吁暂停之后，于2023年4月上旬，为他收购不久的推特，采购了约1万块

GPU，并从 DeepMind 挖角 AI 人才，准备开发自己的大语言模型（LLM）项目。

如果将呼吁暂停训练更先进的 AI 模型的公开信，与马斯克的 AI 项目正在初创阶段相联系，人们就不得不怀疑马斯克是不是施了缓兵之计？连带着他所说的 AI 危及人类的风险也被打上了问号。

不管怎么说，这符合马斯克的一贯行为逻辑。在攻击对手的同时，树立自己的正面形象，并引发对自己公司的关注。马斯克被阿尔特曼称为推特上的“恶魔”，但不得不说他的每一次发言并不是信口胡说，他的思考方式异于常人，往往在科学家们甚至最新理论进展都认为不可能的地方，找到前进的方向，火箭回收就是例子。难怪阿尔特曼说，在现实生活中，马斯克是一个值得尊敬的人。

在购买上万块 GPU 一个星期之后，马斯克就宣布打造取代 ChatGPT 的 TruthGPT，与阿尔特曼成为直接对手。之所以冠以“Truth”之名，就是要“最大限度地寻求真理并理解宇宙本质”，避免人类的毁灭。他寻找的是一条“通向安全的最佳途径”——一个关心人类并了解宇宙的 AI 不仅不会毁灭人类，而且是宇宙的一部分。

做这项工作的并不是推特，而是马斯克新注册的一家公司——X.AI。他甚至含沙射影地攻击 Open AI 背离了非营利机构的初衷，打造 ChatGPT 的利润激励计划，可能会突破人类的道德规范，而 TruthGPT 就是一种“修正”，也会表现得“更透明”。这可能指向了 ChatGPT 算法的不透明，TruthGPT 会不会像推特一样，也开源算法呢？

4. ChatGPT 有三大陷阱？

ChatGPT 会不会毁灭人类，还是未来的某一种可能性。但眼下，就有人认为，ChatGPT 本身就是一个陷阱。这个有套路的陷阱在 AI 出现之初就挖好了，利用人类对“算法或机器人将会取代人类”的恐惧，一些科技公司刻意推波助澜，以期提升自身的商业吸引力，而普通大众也迷失在新技术中。

实际上，这是对发展什么样的 AI 有着矛盾的看法。一种是可控，只能发展帮助人类活动的增强型 AI；一种是 AI 在人类的帮助下可自主发展。不论是否可控，在其发展过程中，确实存在着必须警惕的三个陷阱。

一是图灵陷阱。“图灵陷阱”是指以 ChatGPT 为代表的 AI 会将技术控制能力集中在少数人手中，给他们这些相对少数带来富足与繁荣，却剥夺了大多数人的同等权利。这实质上是技术霸权的一种。

即使不出于人性的恶，仅凭人类的理性和技术能力，很难使人类自己设计的 AI 做到完全公平、完全人性化。为了提高效率，在人工智能的部署中会在不知不觉间迫使人类被动地去适应智能化和自动化，这就意味着智能系统的运作预设可能不是使机器人性化，而是相反——科技让人越来越机器化。AI 智能算法正在“吞噬”人的自主时间，人则成为产业链条或服务链条的一环，丧失作为人的自主性。

如果说，卓别林电影《摩登时代》里的工人还有喘息之机，那么在 AI 时代，人们可能连这个喘息的机会都没有了。你的时间被精确计算到分秒，外卖快递已经是这样了。超时一旦发生，便意味着差评、收入降低，甚至被淘汰。

二是马尔萨斯陷阱。马尔萨斯陷阱原本是指人口增长与能源增长之间存在紧张关系。人口在按照几何级数增长，而人类生存所需的能源与资源仅仅按算术级数增长，多增加出来的这部分人口，因为生存资源的限制，就要以某种方式被牺牲，人类的贫困将成为常态。同样，AI 的发展也要消耗大量资源，随着 AI 越来越普及，能源危机可能会越来越严重，进而压缩人类生存的能源需求。如训练 GPT 大模型一天所消耗的电力，可以满足一个小县城一周的电力需求。

三是黑箱陷阱。黑箱陷阱是心理学上的黑箱效应在 AI 技术上的现代版应用。黑箱效应通常是指，当人们缺少信息或是接收不到任何信息时，倾向于往坏处联想的心理作用，实质是对未知的恐惧。比如，你的家人通常在某一个时间点回家，一旦哪一天他（她）没有按时回家，又联系不上。很多人都会想象是不是出了什么问题，如被诈骗、出车祸？

因为大多数人不清楚 ChatGPT 的工作原理和算法机制。只有专业技术人员才清楚它遵从什么样的内部原理。那么程序黑箱、漏洞黑箱、进化黑箱就自然让人担心存在欺骗、压迫等技术霸权。

5. ChatGPT 已经到了失控的边缘?

目前，AI 所具备的能力，还不可能毁灭人类。但从发展趋势看，人类不得不未雨绸缪。实际上，AI 失控的迹象已经显露。

前一段时间，有人在网上发布了一组图片，记录了 2001 年美国西部小镇卡斯卡迪亚地震后的惨状：哭喊的民众满眼无助、被摧毁的建筑和房屋一片狼藉。美国总统小布什曾出现在灾区现场，慰问民众。照片的画质有一些不清晰，甚至有因抖动产生的模糊。尽管破损，也能窥见现代城市的样貌，人们的穿着也指向那个年代，小布什出现在画面中的时间段确实是他当政时期，这无疑增加了人们对该信息的信任感。但正是在人们认为没有问题的地方出现了问题，看起来真实的画面记录的却是一场根本没有发生的大地震。卡斯卡迪亚确实发生过大地震，但最近的一次也要追溯到 1700 年。这组假图片是应用智能软件 Midjourney 生成的，类似的还有“特朗普被捕”“穿着臃肿白色羽绒服的教皇”等。

与前些年流行的深度伪造技术（Deepfake）换脸不同，如今的 AI 绘图，再也不需要花费很长时间去调用、调试参数。如果使用 Midjourney，操作者只要敲敲键盘就行了。输出只需要 10 秒，但辨别真假至少需要 1 分钟，甚至有些人根本辨别不清。如果只是搞笑娱乐也就罢了，有人把这样真假难辨的照片用于骗局，只要有 1% 的人上当，就是一个大的社会事件。而图片生成只是 AIGC 中的一部分，ChatGPT 的能力真的令人恐惧，而这还是在监管之下。

另外，生成式 AI 对于同一个问题所给出的答案可能会不一样，似乎它在顺着问答者的思路组织答案，或是在揣摩提问者想要什么答案也未可知，甚至它会抛出一个引导性答案，尽管里面隐含着不真实的内容。

这就是越来越受关注的机器学习中的“对齐问题”（the alignment problem），机器学习系统的目标偏离了人类设计的意图。前两年亚马逊曾引入 AI 为求职者的简历打分。结果出现了男性简历打分普遍高于女性的情况。一般美国的求职简历并没有性别一栏，但 AI 程序依然会从毕业院校以及社会活动与经历来判别性别，并轻松执行了性别歧视。即使程序设计时，没有设定这样的筛选条件，但是 AI 在输出结果时，却依然没有对齐。

训练语料与数据有问题，模型架构有问题，实际训练的方式也有问题，同样，提问者的诱导式、挑衅性问答也存在问题。说到底，目前出现的所有问题都是人的问题，也是发展中的问题，只有在发展中才能解决，暂停只是一种提醒，要解决问题就不能停下脚步！

6. ChatGPT 的“涌现力”有多可怕?

我们在理解“涌现力”之前，先看一看宇宙中的一种神奇现象——涌现性。涌现性通常是指多个要素组成一个新的系统后，出现系统组成前单个要素所不具有的性质，出现全新的层次跃升，类似泉水的涌动。也就是，大量物质在特定规则下相互作用，增量形成变量，变量导致出现远超自身原有属性的现象，如原子组合成分子，分子组成蛋白质，蛋白质构成细胞，细胞构成器官，器官构成人，人构成社群。耳熟能详的例子就是一只蚂蚁与蚁群。一只蚂蚁似乎什么也做不成，但很多蚂蚁组织起来，不仅可以构成复杂的结构，而且可以各负其责发动攻击或是自卫。另外，雪花的形成、动物迁徙、涡流形成、车辆的拥堵等自然现象与社会现象都属于涌现性之列。

那么，ChatGPT 被大数据持续“喂养”之后，大语言模型的规模已经大到足以改变自然语言处理（natural language processing，NLP）的研发现状，出现了小模型不具备的能力，这种新出现的能力不是偶尔得之，而是具有不可遏止的涌现现象，被定义为涌现能力，简称“涌现力”。

涌现力和ChatGPT的规模大小有直接的关系，但是至于大到多大规模（目前，还没有专业人士从事这方面的工作），因为太过专业，我们就略而不论了，主要看看“涌现力”表现的例子。

在上下文学习中，用户给出几个提示语或实例，大模型已不再需要调整模型参数，可以直接输出结果。在模型规模不够大时，是没有这种能力的。对于各种任务，包括简单的任务，必须进行参数调整，只要任何一个参数没有调整到位，都很难处理好。使用过PPT、Excel等软件的人，都会有这样的体会。但是当跨过某个临界值后，大模型突然“开了窍”，不管多么复杂专业的任务，都在输入提示词后，可能得到比较满意的输出，任务处理起来轻松容易。直接对话就是这种能力的应用范例。

更复杂一些的是推理能力。ChatGPT的思维链（chain-of-thought，CoT）可以根据用户提供的推导步骤，完成相对复杂的推理任务。

更神奇的是，仅给出几个表情符号，ChatGPT就能给出准确答案。简单模型给出的是一部关于什么的电影，这样模糊的答案；中等复杂度的模型与答案更靠近了一步；高度复杂模型能“一击而中”。

目前来说，已发现的大语言模型“涌现力”有数百种之多，其中许多似乎与文本分析无关。实验已经证明，参数相对较少（几百万）的模型无法解决三位数的加法或两位数的乘法问题，但这对于数百亿参数，某些模型的准确性答复提升。同样的，出现了不可预测性，而不可预测性又随着 ChatGPT 的规模扩大而增加，这其中就不可避免地导致偏见或伤害。好在在用户的提示下，ChatGPT 会进行新的自我修正。

但这并没有消除人们对 ChatGPT 的担心，一旦它的能力强大到不听命令的地步，该怎么办？

对于 ChatGPT 的超能力，马斯克曾做过如下描述：发展到极致的 AI，不仅会自己编写程序、自己修复问题，还会自我复制。

由人类控制大型程序，如果出错，就由程序员快速定位问题何在，迅速做出修补；但如果这个程序大到程序员也无法定位错误，或程序本身就是由 ChatGPT 来管理，怎么执行停止或什么时候执行停止，就会成为大问题。

几年前，AI 人脸识别 + 卫星遥控的机枪共同完成了对伊朗科学家的精准射杀，与他同坐汽车后排的妻子则安然无恙。已经有人在探讨 AI 用于研制生化武器的可能性。

ChatGPT 既可以寻找治疗癌症新药的技术，也可以提供成千上万种潜在的新化学武器配方。

意大利、加拿大、西班牙等国都以安全为理由，通过国家意志来禁止 ChatGPT。

7. 奇点何时到来?

既然阻止不了，那么 ChatGPT 的奇点何时到来?

我们先看看什么是奇点。奇点的含义很宽泛，超过某个临界值之后，发生了明显变化，都可以命名为奇点。自然界与科技界，甚至社会生活中都有这样的例子。本书仅指以 ChatGPT 为代表的人工智能的智力水平超过人类智力水平的时间点。

奇点的概念来源于信息理论学家冯·诺依曼。他在1958年就指出，“技术正以其前所未有的速度增长……我们将朝着某种类似奇点的方向发展，一旦超越了这个奇点，我们现在熟知的人类社会将变得大不相同。”

这里所说的加速，是指以指数级的速度增长。这意味着开始的增长速度很慢，几乎不被觉察，而一旦奇点来临，只要跨过临界点，就会以爆炸式速度增长。

ChatGPT4.0的出现，是奇点的第一道光，之后就会进入加速通道。必须强调的是，人类社会不可能在同一时间齐刷刷一并跨过这个时间点。

这意味着，谁先触摸到奇点，谁就抓到了人机融合的先机，或是掌握宇宙智能的先机。

奇点意味着，人类创造的通用人工智能，有可能会触发一场智能爆炸，将人类远远甩在后面。这就有两种可能，一种可能是，这场智能爆炸如果由某些人类控制，那他们可能会在几年时间内控制整个世界；另一种可能是，人类没能掌控这场智能爆炸，那么，人工智能可能会以更快的速度控制世界。

欧文·约翰·古德在 1965 年曾以比喻的方式，说明了什么是智能爆炸。一旦超智能机器诞生，它就能设计出更好的机器——毫无疑问，这就是“智能爆炸”，人类的智能将被远远抛到后面。第一台超智能机器将是人类最后的发明。

可以说，ChatGPT 带来的真正风险并不是它们的恶意，而是它们的能力，不可阻挡地做任何事的能力。

这样的话，科幻作家艾萨克·阿西莫夫提出的

“机器人三定律”全部失去意义。

机器人第一定律是机器人不得伤害人类个体，或目睹人类个体将遭受危险而袖手不管；第二定律是机器人必须服从人给予它的命令，当该命令与第一定律冲突时例外；第三定律是机器人在不违反第一、第二定律的情况下，要尽可能保护自己。

人类期望的友好的人工智能恐怕会落空。所谓友好的人工智能是指自我迭代的人工智能在它日益聪明的过程中，依然对人类保持友好。

阿尔特曼对 ChatGPT 的潜力感到兴奋，但也对一些潜在的滥用行为感到“有点害怕”。

马斯克也表达过类似的观点，“它有巨大的前景也有巨大的能力，但随之而来的危险也是巨大的。”

《奇点临近》一书作者，美国发明家、思想家、未来学家雷·库兹韦尔预言，奇点来临的时间是 2045 年。

如果成为现实，目前健在的大多数人，都会看到这一天。

8. ChatGPT 将人类推向何方?

人类是进化而来，ChatGPT 等技术也是。目前科技的进步仍然是人类在推动。未来，ChatGPT 是不是可以自主行动，有自己的“思维”与“意识”应该是大概率事件（打引号是因为 ChatGPT 如果产生自己的思维与意识，也不会与人类的思维与意识在同一个维度）。

笔者先不回答 ChatGPT 是否会毁灭人类的问题。待看过目前科技进步带给人的感受，就自然会得到答案。

前不久去世的英特尔名誉董事长戈登·摩尔，留给这个世界的最大遗产就是以他的名字命名的摩尔定律。说是摩尔定律实则是经验之谈，其核心内容为：集成电路上可以容纳的晶体管数量每经过 18 个月到 24 个月便会增加一倍。换言之，处理器的性能大约每两年翻一倍，同时价格下降为之前的一半。

雷·库兹韦尔把摩尔定律应用到科技领域，提

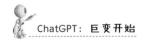

出了加速回报定律。该定律的核心是，技术进步在过去成就的基础上，每 10 年革新的速度会加倍。他举例说，截至 2021 年，完成整个 20 世纪的科技进步只需 7 年，而 21 世纪的进步将是 20 世纪的 1000 倍。这个规律是把世界作为整体来说的，实际上，它只适用于发达社会。发达社会才拥有更强大的发展能力和更快的发展速度。很明显，1985—2015 年的 30 年比 1955—1985 年的 30 年科技发展速度要快得多。这是因为以 1985 年为起点，与以 1955 年为起点相比，当下科技更发达，起点也更高。

因此，未来科技的发展总体上超越了人们对于未来的想象。时间长度拉长，1000 年前的人们对今天最疯狂的想象，也没有现实发生得那么激动人心。一个以加速度盘旋上升的人，会将眼光看向未来，但仍无法看得很清楚，尤其是在你的眼光之上还是一片盲区，相反，当你回过头来，之前的一切已是尽收眼底。以时间量度，几千年前就像缓慢上升的平原，接续台地、丘陵、山岭，以至飞升的峭壁。对于乐观主义者来说，未来并不可怕。可对于任何人来说，你处于山腰之下，回望着深渊，都会心生恐惧。

对于从没见识过铁路、汽车、电话的古人来说，满眼是没赶上好时候的羡慕，哪有工夫恐惧！但对于 21 世纪出生的人来说，如果让他回到没有个人电脑、互联网和手机的 1985 年，他会满身战栗，不知如何继续生活。5 年前的你，可能不会想到，不带钱包仅带手机出门，就能轻松解决吃饭、住宿、出行。如今的你，如果不让带手机，你可能会手足无措、寸步难行。

当下的我们，看不到实际上已经呈指数级增长的科学技术。在我们睡觉的时候，ChatGPT 仍在工作，其他科学技术同样在加速前进。“不识庐山真面目，只缘身在此山中”，这句诗是如此贴合如今的情景。GPT4.0 和 GPT3.5 只相差不到一个月的时间。如果以循着技术的发展速度画一条线，奇点之前的阶段，这条线与横坐标的夹角，基本上以不超过 1° 为限在升高，过了奇点之后则以接近

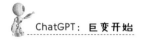

90° 呈直线上升。如果奇点是在 2045 年，那么，之后的科技将以近似垂直线的速度增长。

在雷·库兹韦尔看来，奇点还有另外一层含义："这将是人类有史以来真正第一次将命运掌握在自己手中，再也不受衰老、疾病、贫穷以及死亡的困扰。"

但，还有另外一种可能，ChatGPT 的进化超越人类。两者分为两个系统，并不存在资源竞争，相安无事，就如人类对待动物一样。

人类还有机会！

人类会有机遇！

机遇在未来！

STEP 7

ChatGPT：人类的未来会走向哪里？

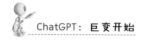

百年未有之大变局，在最近30年出现了加速趋势。逻辑判断是，未来的变化会更加剧烈与迅速。

最近30年间，发生了三次巨大的技术工具革命。

1996年的互联网，引发了“空间革命”。地球以及生活其上的人们，第一次感受到了超越距离的真实。电邮一触即达，视讯实时即开，网游一网同玩，贸易全球一家。

2007年的智能手机，引发了“时间革命”。工作、生活、娱乐、贸易24小时不掉线。小小的屏幕，将时间计算到秒，最快交易、最速送达、最短满足。

1996—2007年，时长超过了10年。

2022年的ChatGPT将引发“思维革命”。它已经在改变人类思考和处理问题的方式，其革命性更为爆裂，世界将发生不可逆的重大改变，人类恐惧的可能不再是死亡，而是活生生被取代。

而 2007—2022 年，仅仅只有 15 年！

1. ChatGPT 怎么改变人类的未来？

就在此刻，就在每刻，不仅 ChatGPT 在进化，所有的 AI 都在进化，一刻不停！

未来什么样，先从当下展开。

微软最近发布了一篇论文，正研究用 ChatGPT 控制机器人！

这是因为，尽管 Open AI 训练的 ChatGPT 越来越符合人类的偏好，但在反向操作下，ChatGPT 还是能列出一份毁灭人类计划之类的超

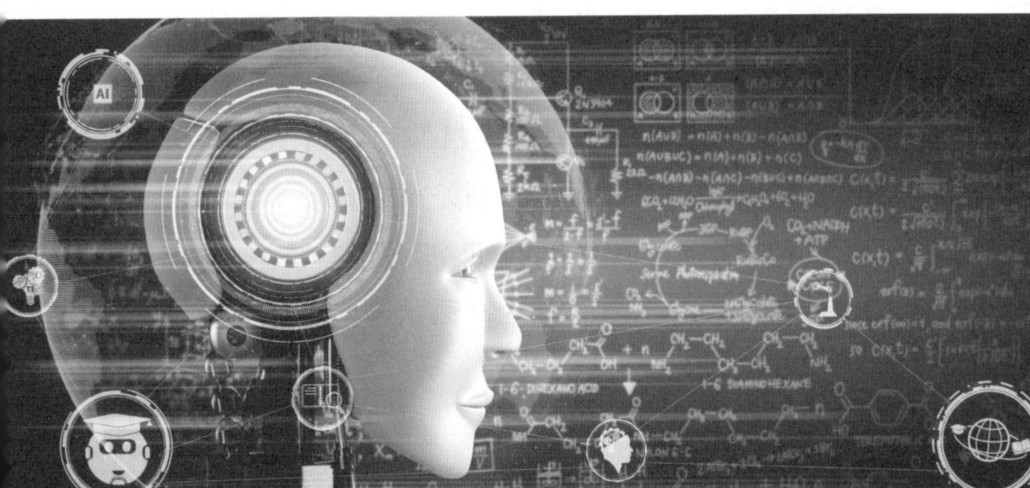

过人类道德极限的回答。

微软为避免人工智能毁灭世界，正加快 ChatGPT 可控机器人的开发速度。微软准备设计一套新的自然语言（与编程语言不同），由 ChatGPT 向机器人发出指令。

这项研究的主要目的是观察 ChatGPT 能否在文本之外进行思考，即根据周围环境（物理世界）指导机器人的行动。这里的关键不是人机对话，而是作为机器人指令集的 ChatGPT 怎么理解物理世界，并判断可能出现的多种变化。

ChatGPT 已经可以独立完成很多工作，但是要它指挥机器人完成即时任务，仍然需要设计新的原则，包括但不限于特殊的提示结构、高级应用程序编程接口（API）和基于文本的人类反馈等，指导语言模型解决机器人任务。

例如，“ChatGPT+ 无人机”可以让完全不懂技术的人，通过对话就能控制无人机。

几乎在同时，微软亚洲研究院开源了 BioGPT。这是一种基于生物医学研究文献进行训练的大型语言模型。该模型在回答生物医学文献中的问题时表现优于人类。研究人员在六项生物医学自然语言处理任务上评估了 BioGPT，并证明该模型在大多数任务上优于以前的模型。

由此可见，不同专业领域 ChatGPT 的出现，已经向研究深度进军，不再局限于闲聊与通用知识的交流。

Open AI 也正在执行一项新的计划：训练人工智能模型来代表不同的视角和世界观。也就是说，它可以生成符合自己观点的答案，或者自己希望得到的答案，而不是一刀切的 ChatGPT 回答。

进化在继续，永不停步！

科学家定义了 AI 进化的一个“奇点”，那就是人类创造出的人工智能机器人的“脑袋”可媲美人类的大脑。

2017 年进行的一些调查显示，大部分 AI 专家认为在 2040 年左右，人类将迎来具有人类智能水平的人工智能，也就是“奇点”来临。奇点同时意味着，自那个时间点开始，人工智能将摆脱对人类的依赖，开始自我进化，并诞生出超越人类的“超级智能”。人类将通过人工智能，超越自身的生物局限性。

那么，它的生命形式会是什么，有的专家认为，未来可以媲美人类智力水平的通用人工智能（AGI），与人类的生命体不同，将不是物理形态的肉体，而是另一种新的生命形式——“数字生命”。这听上去挺科幻，但是细想一下，当人工智能的智力水平和我们人类相当，我们如何还能要求它们再将自己视为人类的一种工具？

特斯拉的创始人伊隆·马斯克，就在进行这方面的探索。人形机器人——擎天柱目前的智能水平虽然还不能媲美人类的智力，但马斯克期望它有一天具备足够的智力，代替人类去探索火星并建立人类未来的生存基地。未来探索宇宙的并不是人类，而是不断进化、智能升级的机器人。

由此来看，人工智能大量取代人类的工作，短时间内还不现实，但就发展趋势来看，也许并不遥远。

但大可不必悲观，这不就是很多人心心念念的

“躺平”吗？这也让按需劳动有了可能。但痛苦的是一段人工智能没有完全替代人类的转型期，即一些人被替代了，一些人没有被替代。

当然，这段时间也许很短，但出现什么情况则无法预料。美国未来学家雷·库兹维尔指出，人类创造技术的节奏正在加速，技术的力量也正以指数级的速度在增长。实际上，这里面存在着极大的迷惑性，初始的细微不引人关注，随后的强力爆发出乎意料。用库兹维尔的话说就是，“我们的未来不再是经历进化，而是要经历爆炸。”

最近 30 多年的科技发展史都在不断重复着这样的历程。近几年，人们对这一点越来越重视，但是对于这种“爆炸”的威力，仍然估计不足。

现在的例子就是，网络浏览器诞生于 1990 年，但直到 1994 年网景导航者问世，人类才开始对于互联网的探索；2007 年，苹果 iPhone 手机横空出世之前，实际上智能手机已经问世，但智能手机应用程序却没有跟上。同样，机器人最早出现在 1959 年，对话机器人出现于 20 世纪 80 年代，直到2022年11月ChatGPT引发爆点，技术史又一个新关键点才再次降临。

与ChatGPT聊天的庞大人群，正帮助AI以指数级成长。人工智能会帮助人类是肯定的，但人类如何行动，并不是人工智能能解决的。对于人类思维，它也是一把双刃剑，强化人类思维，或者弱化人类思维。

当所有的基础手段都具备的时候，比拼的就是创意，或者说是思想。ChatGPT可以激发一部分人去思考，同样也可以让一部人放弃思考。

就ChatGPT的爆发，美国学者、专栏作家弗兰克感叹说，世界已经永远改变了！他认为，我们面临的是对社会的彻底重新定义，以及人类即将过时。

2. ChatGPT只能是人类的工具?

简单一句话，如果只局限于人工智能，那它就是人类的工具。

即使是让人惊喜的ChatGPT，也是通过回答，帮助人类解决问题的智能工具，就像智能手机，都是人类编程或者大数据语言模型训练的产物。

目前，它也不具备人脑的所有结构和组成成分。即使它完全模拟了人脑，但也不能完全理解语言文字图像视频等载体。再进一步，即使它能完全理解语言文字图像视频等载体，但仍然缺少人类社会环境交流所获得的体悟与经验。

如果人工智能不能完成以上阶段的升级，就不可能超越人类智能，只能是类人智能。也就是说，在现有数据体系和软硬件设计模式上，不可能超越人类智能。客观逻辑是打通了，主观超逻辑却没有打通，两者也没有有机结合起来。举例来说，作为客体的智能汽车，与作为客体的智能个人，同在一个交通环境里。为避免事故，双方都会躲避，但不仅人工智能，而且人类智能也解决不了的情况是，某个人主观超逻辑的变化——他故意撞向汽车。

人类智能的复杂在于，既包括计算（数学计算、逻辑运算等），也包括算计（中性词）。目前，人工智能的特长是强大的算力，胜在对客观事实的计算与推理，是程序性的。人类智能优于主观价值判断，是伦理性的。从另一个角度看，人工智能是科技的成就，最后要解决问题必须是科技与人文的结合。再换一个角度，人工智能输出的是文字与语言符号，人类智能输出的是以文字与语言符号为表征的意向表达。只有两者结合，才能再次出现新的革命性突变。

用哲学的语言来说，人工智能不能解决从“是”（being）到“应该”（should）这一命题。它可以解开“事实”命题，从纷繁的事实中，选出一个或多个答案，但不能从“事实”判断，得出“价值”判断。它输出的谐谑文本，即使引你会心一笑，也是基于你的理解，而不是它的主观故意。

用数学的语言来说，它做的是选择题，而不是判断题。

这样的人工智能就不具有人类情感与人类意识，只是执行代码、按照固定模式模拟人类的部分能力。“无中生有”“无事生非”“变与不变”“随机应变”仍是人类的专利。

既然对话开始，演进就不会停步。这就是人工智能与人类智能的交互促进。

以语言为例，ChatGPT 语言会潜移默化地成为人类的通用语言。智能手机已让各主要语言不再成为障碍。所谓世界语也没有了用武之地。ChatGPT 也能让陌生的语言不再陌生，流畅交流。但是，以语言为代表的思维方式难以改变，ChatGPT 能否改变人类的思维方式，答案应该是肯定的。结果是人类思维方式的趋同，带来机器智能向人类智能的靠近，可以识别语言、识别情绪和自我学习。

对于目前的情形，ChatGPT 也很清楚，它给出的答案是，我只是一个由 Open AI 开发的人工智能语言模型，并不具有个性和情感。我只是根据训练数据回答问题并生成文本的工具，并没有意识或感情。

人类在津津乐道于驯化机器人的同时，可能忘记了自己也可能被机器语言驯化，从而改变人类的思维习惯。这种改变不仅仅是人类将习惯使用便于机器理解的自然语言和表达方式与机器对话，同样人类之间的表达习惯也会发生改变。变化由此发生，新的思维模式建立，新的文化形态生成。

没有人怀疑，人与机器存在相互适应、相互促进的关系。人类会自觉反思自己的思维与行为，机器也会逐步理解人类在不同环境下做出的价值判断中，隐含着微妙差异。人与机器的理解将从单向由人类主导，转变为人机双向反馈。

作为主导的人类，会理解机器如何看待客观世界，理解机器做出的决策，并且握有控制权。机器作为被动的一方，在磨合中，更加理解人类的所需所思所想。

局限在于，目前的人工智能均依赖于现有的计算体系，无法模仿人类的全部心智，只能有缺陷地表达一部分人类理性思维，对于非理性甚至非逻辑性思维还不能表达。因此，才需要机器计算与人类算计能力相融合，来突破局限。

但是，在机器没有自我意识，不能由独立个体连接成群体之前，或者说在人工智能尚且无法去掉“人工”之前，都会是人类的工具，而不是自行其是的自智体。

人类自身要改变什么？

人机交互是基础，进化与发展是双向的，人向智能机器靠近，智能机器向人靠近，但智能更高。更高智能包括脑力与推动力（人的体力不可企及）。这个推动力很可能是由意念操控，它的力度足够解决星球间的引力，创造出四季如春的地球与更多环境适宜自智体生存的星球。

这样的话，人类无疑要做出巨大改变。因为在此之前，人类所使用的工具没有任何分析组合与顺畅对话的能力。

目前来看，ChatGPT 正在一步步揭开人类千百年来延绵不绝的诸般问题的面纱。

2016—2023 年，不到 7 年的时间，“山中方七日，世上已千年”这句诗可以形象地表达 ChatGPT 日新月异的进步速度。推特与谷歌两家公司，一个裁员 80%，另一个裁员近 90%。其高

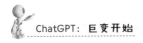

管竟笑言，比之前运转得更好了。

ChatGPT 的大幕不过是刚刚拉开一角，广阔无边的舞台尚未露出庐山真面目。

有一个问题，一直萦绕在笔者脑海，甘于“平躺”的人类是时候给予强刺激了。实际上，当我们意识到 ChatGPT 已构成某种威胁时，它已经完成了不可逆的革命性变化。我们看到的也只是 ChatGPT 的冰山一角而已。从本质上说，人类应该清楚地认识到，ChatGPT 推动的智能革命不可能毁灭人类，反倒是人类自己，因为国家对立、民族仇恨、宗教派别等原因互相残杀。ChatGPT 所昭示的不仅仅是科技进步，更是警示人类要奋进、团结在一起，才能不被科技加速度所抛弃。与其恐惧被 ChatGPT 毁灭，想方设法阻止 ChatGPT 的进步，不如强健自己。人类需要彻底摒弃对立思维，真正平等地尊重每一个人的创造力，不以国家、民族、道德的先进与落后定义他人。

人类必须明白，ChatGPT 所表现出来的问题，正是人类自身问题的映射。千百年来，先贤哲人一再重复着一个声音，人类要善待自己与他人，改正自己的不足。人类一直苦心寻找，期望建立一个良善的制度，来规范人类的行为。ChatGPT 不是这样的制度，但它提供了一个向上向善的机会。有人现在就宣传，ChatGPT 已经拟订了毁灭人类的计划。实际上，只不过是人性的恶的又一次表演而已。人类要以 ChatGPT 为镜，善心铸魂，勿将恶言恶行偷偷塞进 ChatGPT 的程序，也就是不要向 ChatGPT 传达恶的、错的信息。

人类对世界的认知从农业时代、工业时代到信息时代，一直在进步，主要是时间与空间的变化，以及决定力量的转移，工业时代的能源与动力代替了农业时代的土地、粮食与人力；信息时代的数据流代替了工业时代的能源与动力。就像考古的年代层积，下一层成为上一层的基础设施。但人类的心智进步并不大，争夺统治权的游戏一直在上演，国家竞争是其最高形态。发达国家动不动就禁运、“卡脖子”，行使霸权，与 ChatGPT 合力共进的精神指向背道而驰，害人又害己。

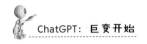

信息与数据的本性是开放与流动的，它们的特性是影响与扩展。任何屏蔽与封杀，最终都是徒劳无功的。人类社会的分层结构、道德边界、国家性质、行为方式都会发生变化。

颠覆随时发生，虚拟的真实超过现实的真实，使不可能转为可能。现象级变化随时来临。在人工智能还不具备思想力的时候，尽可能拓宽思想的边界；在人工智能还不具备意识力的时候，尽可能赋予暗物质以意义。这不是要阻止人工智能的进步，而是笨鸟先飞，为智能发展引导方向。

其中一个重要的环节是语言，智能语言？还是人类语言？抑或智能语言与人类语言的混合体？

语言是思想的载体，意识的表达。谁统治了语言，谁才是最终的决定者。

3. 以 ChatGPT 为代表的机器智能最终会超越人类?

自智体是笔者首创的一个概念。

其基础就是人类，从最初的意义上也可代指人类个体及为共同目标行动的人类群体。最终，指向的是超越人类的智能机体（不再是碳硅等材料组成的机器），从可量度的尺度，他们可能小于纳米，有的可能大于星球甚至星系，是庞大家族的自智体个体与群体，宇宙将成为自智体的一部分。根据可能的需求或娱乐，星球会变化组合，自智体挪动星球就像今天的人类驱动汽车一样。

自智体的一个基本功能，就是自我复制，不是现在所说的数字孪生，而是自我进化的智能升级复制，茫无际涯，生生不息。

就在笔者写此文的时候，传来了马斯克人形机器人——擎天柱自造机器人的消息。进化并非自今日始，也不会再终结。

从另一个角度说，自智体进化到人类智能，仍将继续进化，超越人类智能只是时间问题。

许多人忧虑的是，机器人会不会最终毁灭人类。这得从两方面来看。从肉体上说，不是不能，是不会，即人类不会教育它们毁灭人类。但从智能上说，的确是“毁灭”（笔者的说法是“超越”）了人类。从人类的道德感来说，到那个时候，人类已经能坦然接受，甚至还带有些许自得，我们总想着创造一个无所不能的自己，想不到最终创造出的是超越自己的自智体。

当然，也不必过于悲观，就像人类制造的工具一步步打破不可能的局限一样，人类自身与工具一起也在进化之中。这可能存在三种形式，第一种是外骨骼，类似盔甲，不再是遮蔽身体的编织物，而是不同功能智能体的集合，单独飞行将是常态。第二种是内嵌式的，脑机接口因为造成人体痛苦不是一个好的选择，会有新的技术解决人脑与机器的无缝连接，整个过程都不会让人感到痛苦，或仅在实施的开始有一些不适。第三种是笔者的独创，当然也不全是凭空想象，即是复刻一个自己，你和你的机器人是双胞胎。它和你一样，同步你的一切，包括权利与义务。这里可能有三种方式，第一种是合二为一；第二种是两个完全一致的单独个体，既可以一起行动，也可以单独行动；第三种就是三体人——科幻作品《三体》里入侵地球的三体人，被人类选为新的身体结构。至于选择哪一种形式，主要由功能决定，也可能三种形式并存。

经过如此进化的个体人，与自智体在智慧与能力上应该是不相上下的。具体说，可能是人造元件代替人的元件、人造组件代替人的功能、人造组件代替人的器官。

可以说，这是两条进化路径，一条是机器人进化为自智体；另一条是个体人进化为具有超越目前人类的新智能与新能力的自智体。这时，机器人与新人类可以统称为自智体规格与形体上会千变万化，但不再以外形相互区别，恐怕也不会以数字编号来进行区别。也不需要相互介绍，见面或者互通，瞬间就知道对方是谁，打招呼的方式也会全然不同。

所以，笔者认为根本不存在谁毁灭谁的问题。机器与人类都进化为自智体，并根据共同任务或目标的不同，临时组成群体，或者制造出新的自智体。

想象或幻想容易，但变成现实绝非易事。“人

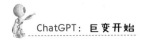

机合一”并非一朝一夕可以完成。人类要学会适应、学习、改变自己的旧认知，利用好ChatGPT等AI技术的优势。同样，机器人要向人类学习，甚至不再是按照人类设定的程序积累知识，而是主动提升认知能力。

实际上，这条路径是清晰的。

语言的产生，让独来独往不知合作的人类，从个体行动走向群体协作。蚂蚁、蜂群的沟通机制也是类似的。

文字与印刷术在储存人类记忆的同时，也突破自然语言的时间长度与精确程度，使人类的记忆力、思考深度和对未来的判断力有了长足进步。

互联网在时空双维度，将人类的点滴思考、细微观察与突破创新，瞬时存储并传播，影响力显著增长。

而ChatGPT又将这一方向的进化陡然提速。被称为“ChatGPT之父”的山姆·阿尔特曼，2023年2月28日在社交媒体称，AI摩尔定律可能很快就会出现，即宇宙中的智能数量每18个月就会翻一番。如果真的是这样，自智体诞生的时间势必将提前。

有人将 AI 在未来的发展列出了一个时间框架，可做畅想：

——2030 年，AI 能够与人类进行水平相当的对话，失明者被治愈，瘫痪者可行走。

——2040 年，通用人工智能的出现将使得人工智能能够执行普通人可以执行的任何智力任务，并连接到超级计算机和量子计算机网络，成为智能家居和车辆中的虚拟助手。

——2045 年是人类智能与机器智能相匹敌的临界点。

——2050 年，人工超级智能已经出现，比地球上所有人类的总和还要聪明数十亿倍，能够解决所有科学门类没能解决的问题。

——2060 年，纳米机器人将人们的大脑连接到互联网，人类衰老得到逆转（但死亡依然存在，其革命性变化在于，自智体会主动选择死亡——在他认为不再有生存意义的时候，化为虚无或进入休眠，也有可能被需要时再被唤醒），人工智能可以自动生成与现实无法区分的行星大小的虚拟世界。

——2070 年，虚拟生物有了完整意识，人形机器人与真人无异。

——2080 年，人工超级智能被用作虚拟顾问，有些人变得更像机器而不是人类。

——2090 年，有意识的虚拟人在质量与数量上都超过了人类。自智体获得财产权、选举权和婚姻权。

——2100 年，人类与超级人工智能无缝融合，自智体的智能增长数十亿倍。

未来不可预测，但可以预期！

未来可期！

不惧未来，未来美好！